HZ BOOKS

华 章 图 书

一本打开的书，一扇开启的门，
通向科学殿堂的阶梯，托起一流人才的基石。

U0255808

www.hzbook.com

数据科学与工程技术丛书

BIG DATA FUNDAMENTALS
CONCEPTS, DRIVERS AND TECHNIQUES

大数据导论

[美] 托马斯·埃尔（Thomas Erl）
瓦吉德·哈塔克（Wajid Khattak） 著
保罗·布勒（Paul Buhler）

彭智勇 杨先娣 译

机械工业出版社
China Machine Press

图书在版编目（CIP）数据

大数据导论／（美）托马斯·埃尔（Thomas Erl）等著；彭智勇，杨先娣译 . —北京：机械工业出版社，2017.5（2020.9 重印）

（数据科学与工程技术丛书）

书名原文：Big Data Fundamentals: Concepts, Drivers and Techniques

ISBN 978-7-111-56577-2

I. 大… II. ① 托… ② 彭… ③ 杨… III. 数据处理 IV. TP274

中国版本图书馆 CIP 数据核字（2017）第 076608 号

本书是面向商业和技术专业人员的大数据权威指南，清楚地介绍了大数据相关的概念、理论、术语与基础技术，并使用真实连贯的商业案例以及简单的图表，帮助读者更清晰地理解大数据技术。

本书可作为高等院校相关专业"大数据基础"、"大数据导论"等课程的教材，也可供从事大数据相关工作的技术人员、管理人员和所有对大数据感兴趣的人士阅读。

出版发行：机械工业出版社（北京市西城区百万庄大街 22 号 邮政编码：100037）

责任编辑：唐晓琳		责任校对：殷 虹	
印　刷：北京文昌阁彩色印刷有限责任公司		版　次：2020 年 9 月第 1 版第 5 次印刷	
开　本：185mm×260mm　1/16		印　张：11.75	
书　号：ISBN 978-7-111-56577-2		定　价：49.00 元	

凡购本书，如有缺页、倒页、脱页，由本社发行部调换

客服热线：（010）88378991　88361066　　　　投稿热线：（010）88379604

购书热线：（010）68326294　88379649　68995259　　读者信箱：hzjsj@hzbook.com

译 者 序

现今，"大数据"已经成为全球科技界和企业界关注的热点。数据为王的时代已经到来，各行各业高度关注大数据的研究和应用。企业关注的重点从追求计算机的计算速度转变为追求大数据处理能力，从以软件编程为主转变为以数据为中心。在云计算技术和海量数据存储技术的助力下，大数据已经成为当前学术界、工业界的热点和焦点。大数据的出现将会对社会各个领域产生深刻影响。从公司战略到产业生态，从学术研究到生产实践，从城镇管理到国家治理，都将发生本质的变化，大数据将成为时代变革的力量。"用数据来说话、用数据来管理、用数据来决策、用数据来创新"的文化氛围与时代特征愈发鲜明。大数据时代需要一大批具备大数据知识的专业人才，他们应能有效地将数据科学和各行各业的应用相结合，推动新技术和新应用的发展。因此，掌握大数据核心技术且拥有专业领域知识的人才储备成为国家大数据战略布局的重中之重。

在本书中，IT 畅销书作者 Thomas Erl 和他的团队清楚地解释了关键的大数据概念、理论和术语，以及基本的大数据技术和方法。本书分两部分：第一部分主要从商业相关问题的讨论引出大数据的驱动力，解释了如何通过大数据推动企业的发展，介绍了大数据的应用背景和基本概念；第二部分主要是大数据技术相关问题的讨论，重点介绍了大数据的存储技术和分析方法。本书的特色在于每一章后都有案例学习，用一家大型的保险公司 ETI 对大数据的应用案例贯穿始终，为相关章节的知识应用提供了现实场景，以加深读者对大数据实际应用的认识。另外，本书大量应用了简单的图表说明。这些都使得本书非常实用且通俗易懂，因此，本书特别适合作为了解大数据基本知识和相关技术的入门教材，也可以作为高校的通识课教材来使用。

在本书翻译过程中，武汉大学计算机学院的刘歆文、李卓、史成良、陈洪洋、贺潇雅、万言历、陈昊等同学做了大量辅助性工作，在此，向这些同学的辛勤工作表示衷心的感谢。

由于译者能力有限，译稿难免存在疏漏及不足之处，望广大读者不吝赐教。

致　　谢

按姓氏字母排序：

❑ Allen Afuah，密歇根大学罗斯商学院

❑ Thomas Davenport，巴布森学院

❑ Hugh Dubberly，Dubberly 设计工作室

❑ Joe Gollner，Gnostyx 研究公司

❑ Dominic Greenwood，Whitestein 技术公司

❑ Gareth Morgan，约克大学加里斯摩根商学院

❑ Peter Morville，Semantic 工作室

❑ Michael Porter，哈佛商学院战略与竞争研究所

❑ Mark von Rosing，LEADing Practice

❑ Jeanne Ross，麻省理工学院斯隆管理学院信息系统研究中心

❑ Jim Sinur，Flueresque 公司

❑ John Sterman，麻省理工学院斯隆管理学院 MIT 系统动力学组

本书以大数据科学专家认证（BDSCP）课程为基础，特别感谢 Arcitura 教育公司以及相关的大数据研究与开发团队的辛苦工作。

作者简介

Thomas Erl

Thomas Erl 是 IT 畅销书作者，Arcitura 教育公司的创始人，Prentice Hall 出版社"Thomas Erl 的服务技术丛书"的编辑。他的书发行量超过 200 000 册，成为国际畅销书，并且已经获得多个重要 IT 组织成员的正式认可，例如，IBM、Microsoft、Oracle、Intel、Accenture、IEEE、HL7、MITRE、SAP、CISCO、HP 等。作为 Arcitura 公司的 CEO，Thomas 领导研发了国际公认的大数据科学专家认证（BDSCP）、云专家认证（CCP）与 SOA 专家认证（SOACP）的课程大纲，设立了一系列正式的、与厂商无关的工业认证，全球已有数千 IT 从业人员获得了这些认证。Thomas 还作为演讲家与教育家，在 20 多个国家进行过巡回演讲。Thomas 已经在诸多出刊物上发表过 100 多篇文章和访谈，包括《华尔街日报》与《CIO 杂志》。

Wajid Khattak

Wajid Khattak 是 Arcitura 教育公司的大数据研究者与教育者。他的研究领域包括大数据工程与架构、数据科学、机器学习、分析学与 SOA。此外，他在商务智能报告解决方案与 GIS 方面有着丰富的 .NET 软件开发经验。

Wajid 于 2003 年在英国伯明翰城市大学获得软件工程学士学位，于 2008 年在该校以杰出的成绩获得软件工程与安全硕士学位。另外，Wajid 还获得了 MCAD & MCTS（Microsoft）、SOA 架构师、大数据科学家、大数据工程师以及大数据研究顾问（Arcitura）认证。

Paul Buhler

Paul Buhler 博士是一位经验丰富的 IT 专家，他在商业公司、政府机构和学校均有过从业经验。在面向服务的计算概念、技术和实现方法领域，他是一位受人尊敬的研究者、实践者与教育者。他在 XaaS 领域的研究已经延伸到了云、大数据与万物互联网（IoE）。目前他的研究兴趣是通过权衡响应式设计原则与基于目标的执行方式，减少业务策略与流程执行之间的差距。

作为 Modus21 的首席科学家，Paul Buhler 博士根据当前业务架构与流程执行框架的发展趋势调整企业的战略布局。目前，他还是查尔斯顿学院的合作教授，负责本科生与硕士生计算机科学课程的教学工作。Paul Buhler 博士在南卡罗来纳大学获得计算机工程博士学位，在约翰霍普金斯大学获得计算机科学硕士学位，在塞特多大学获得计算机科学学士学位。

目　　录

译者序

致谢

作者简介

第一部分　大数据基础

第1章　理解大数据 …………………… 3

1.1　概念与术语 …………………………… 4

　　1.1.1　数据集 ……………………………… 4

　　1.1.2　数据分析 …………………………… 5

　　1.1.3　数据分析学 ………………………… 5

　　1.1.4　商务智能 …………………………… 11

　　1.1.5　关键绩效指标 ……………………… 11

1.2　大数据特征 …………………………… 12

　　1.2.1　容量 ………………………………… 12

　　1.2.2　速率 ………………………………… 13

　　1.2.3　多样性 ……………………………… 13

　　1.2.4　真实性 ……………………………… 14

　　1.2.5　价值 ………………………………… 14

1.3　不同数据类型 ………………………… 15

　　1.3.1　结构化数据 ………………………… 16

　　1.3.2　非结构化数据 ……………………… 17

　　1.3.3　半结构化数据 ……………………… 17

　　1.3.4　元数据 ……………………………… 18

1.4　案例学习背景 ………………………… 18

　　1.4.1　历史背景 …………………………… 18

　　1.4.2　技术基础和自动化环境 …19

　　1.4.3　商业目标和障碍 …………………… 20

1.5　案例学习 ……………………………… 21

　　1.5.1　确定数据特征 ……………………… 22

　　1.5.2　确定数据类型 ……………………… 24

第2章　采用大数据的商业动机与 驱动 …………………………… 25

2.1　市场动态 ……………………………… 25

2.2　业务架构 ……………………………… 27

2.3　业务流程管理 ………………………… 30

2.4　信息与通信技术 ……………………… 31

　　2.4.1　数据分析与数据科学 ……………… 31

　　2.4.2　数字化 ……………………………… 31

　　2.4.3　开源技术与商用硬件 ……32

　　2.4.4　社交媒体 …………………………… 33

　　2.4.5　超连通社区与设备 ………………… 33

　　2.4.6　云计算 ……………………………… 34

2.5　万物互联网 …………………………… 35

2.6　案例学习 ……………………………… 35

第 3 章　大数据采用及规划考虑·········39

3.1　组织的先决条件·············40

3.2　数据获取················40

3.3　隐私性·················40

3.4　安全性·················41

3.5　数据来源················42

3.6　有限的实时支持·············43

3.7　不同的性能挑战·············43

3.8　不同的管理需求·············43

3.9　不同的方法论··············44

3.10　云·················44

3.11　大数据分析的生命周期·········45

　　3.11.1　商业案例评估·······45

　　3.11.2　数据标识·········47

　　3.11.3　数据获取与过滤······47

　　3.11.4　数据提取·········48

　　3.11.5　数据验证与清理······49

　　3.11.6　数据聚合与表示······50

　　3.11.7　数据分析·········52

　　3.11.8　数据可视化········52

　　3.11.9　分析结果的使用······53

3.12　案例学习···············54

　　3.12.1　大数据分析的生命周期···55

　　3.12.2　商业案例评估·······55

　　3.12.3　数据标识·········56

　　3.12.4　数据获取与过滤······56

　　3.12.5　数据提取·········57

　　3.12.6　数据验证与清理······57

　　3.12.7　数据聚合与表示······57

　　3.12.8　数据分析·········57

　　3.12.9　数据可视化········58

　　3.12.10　分析结果的使用······58

第 4 章　企业级技术与大数据商务

　　　　智能················59

4.1　联机事务处理··············60

4.2　联机分析处理··············60

4.3　抽取、转换和加载技术·········61

4.4　数据仓库················61

4.5　数据集市················62

4.6　传统商务智能··············62

　　4.6.1　即席报表··········63

　　4.6.2　仪表板···········63

4.7　大数据商务智能············65

　　4.7.1　传统数据可视化·······65

　　4.7.2　大数据的数据可视化·····66

4.8　案例学习················67

　　4.8.1　企业技术··········67

　　4.8.2　大数据商务智能·······68

第二部分　存储和分析大数据

第 5 章　大数据存储的概念···········71

5.1　集群··················72

5.2　文件系统和分布式文件系统······72

5.3　NoSQL·················73

5.4　分片··················74

5.5　复制··················75

　　5.5.1　主从式复制·········76

　　5.5.2　对等式复制·········77

5.6　分片和复制···············80

5.6.1 结合分片和主从式复制 …80

5.6.2 结合分片和对等式复制 …81

5.7 CAP 定理 ……………… 82

5.8 ACID …………………85

5.9 BASE ………………88

5.10 案例学习 ………………91

第 6 章 大数据处理的概念 ……… 93

6.1 并行数据处理 ………………93

6.2 分布式数据处理 ………………94

6.3 Hadoop ………………94

6.4 处理工作量 ………………95

6.4.1 批处理型 ………………95

6.4.2 事务型 ………………95

6.5 集群 ………………96

6.6 批处理模式 ………………97

6.6.1 MapReduce 批处理 ………97

6.6.2 Map 和 Reduce 任务 ………98

6.6.3 MapReduce 的简单实例 …103

6.6.4 理解 MapReduce 算法 …104

6.7 实时模式处理 ………………107

6.7.1 SCV 原则 ………………107

6.7.2 事件流处理 ………………110

6.7.3 复杂事件处理 ………………110

6.7.4 大数据实时处理与 SCV …110

6.7.5 大数据实时处理与

MapReduce ………………111

6.8 案例学习 ………………112

6.8.1 处理工作量 ………………112

6.8.2 批处理模式处理 ………………112

6.8.3 实时模式处理 ………………113

第 7 章 大数据存储技术 ………………115

7.1 磁盘存储设备 ………………115

7.1.1 分布式文件系统 ………………116

7.1.2 RDBMS 数据库 ………………117

7.1.3 NoSQL 数据库 ………………119

7.1.4 NewSQL 数据库 ………………128

7.2 内存存储设备 ………………129

7.2.1 内存数据网格 ………………131

7.2.2 内存数据库 ………………138

7.3 案例学习 ………………141

第 8 章 大数据分析技术 ………………143

8.1 定量分析 ………………144

8.2 定性分析 ………………145

8.3 数据挖掘 ………………145

8.4 统计分析 ………………146

8.4.1 A/B 测试 ………………146

8.4.2 相关性分析 ………………147

8.4.3 回归性分析 ………………149

8.5 机器学习 ………………150

8.5.1 分类 (有监督的机器学习) …151

8.5.2 聚类 (无监督的机器学习) …152

8.5.3 异常检测 ………………152

8.5.4 过滤 ………………153

8.6 语义分析 ………………154

8.6.1 自然语言处理 ………………155

8.6.2 文本分析 ………………155

8.6.3 情感分析 ………………156

8.7 视觉分析 ………………157

8.7.1 热点图 ………………157

8.7.2 时间序列图 ………………159

8.7.3　网络图 ·················160

8.7.4　空间数据制图 ·········161

8.8　案例学习 ·················162

8.8.1　相关性分析 ···········162

8.8.2　回归性分析 ···········162

8.8.3　时间序列图 ···········163

8.8.4　聚类 ·················163

8.8.5　分类 ·················163

附录 A　案例结论 ···········165

索引 ·······················167

大数据基础

大数据具有改变企业性质的能力。事实上，有很多公司仅仅依靠着能够提出一些深刻的见解而存在，而这些见解只有通过大数据才能实现。第一部分的四章主要从商业的角度阐述了大数据的基本要素。企业需要理解大数据，不仅仅与技术相关，也与如何通过这些技术推动公司的发展相关。

第一部分由如下 4 章组成：

❑ 第 1 章主要介绍一些关键性的概念和术语，定义了大数据技术中的许多基本元素，并且阐述了大数据处理复杂的商业中蕴含的深层知识的能力。同样，第 1 章也介绍了辨别大数据的数据集的许多特征，并且定义了很多能够作为大数据分析技术的主体的数据类型。

❑ 第 2 章旨在解答以下问题：作为一种市场经济和商业世界潜在变化的结果，企业为什么应该使用大数据技术？大数据本身跟企业转型没有关联，但是，当一个企业能依靠自身的洞察力的时候，大数据技术能激发企业内部的革新。

❑ 第 3 章阐释了大数据技术不仅仅是简单的"普通商业活动"，在选择使用大数据技术时，必须要有许多商业性和技术性的考虑。这一点对企业提出了要求：企业能在大数据技术的帮助下接触到外部数据的影响，但同时意味着企业需要控制、管理这些数据。此外，大数据分析的生命周期还提出了不同的数据分析操作的要求。

❑ 第4章检验了目前能接触到的企业级数据仓库和大数据商务智能的方法。然后扩展了这个思路，表明大数据存储技术以及分析数据资源可以与企业绩效监控工具相结合，以此来强化企业的分析能力，同时深化由商务智能提供的深层知识。

商业的内部数据往往没有办法体现出商业的全部价值——在这个前提下，正确地利用大数据将成为战略性主动权的一部分。换句话说，大数据不仅仅是关于可以被现有技术解决的数据管理的问题，更是关于一些商务的问题，而为它们提供解决方案的技术需要支持大数据的数据集。因此，第一部分的商业相关问题的讨论将为第二部分技术相关问题的讨论奠定基础。

第 1 章

理解大数据

大数据是一门专注于对大量的、频繁产生于不同信息源的数据进行存储、处理和分析的学科。当传统的数据分析、处理和存储技术手段无法满足当前需求的时候，大数据的实践解决方案就显得尤为重要。具体地说，大数据能满足许多不同的需求，例如，将多个没有联系的数据集结合在一起，或是处理大量非结构化的数据，抑或是从时间敏感的行为中获取隐藏的信息等。

虽然大数据看起来像是一门新兴的学科，却已有多年的发展历史。对大型数据集的管理与分析是一个存在已久的问题——从利用劳动密集方法进行早期人口普查的工作，到计算保险收费背后的精算学科，都涉及这个方面的问题，大数据就由此发展起来。

作为对传统的基于统计学分析方法的优化，大数据加入了更加新的技术，利用计算资源和方法的优势来执行分析算法。在当今数据集持续地扩大化、扩宽化、复杂化和数据流化的背景之下，这种优化十分重要。自《圣经》时代以来，统计学方法一直在告诉我们通过抽样调查的手段能够粗略地测量人口。但计算机科学目前的发展使我们完全有能力处理那样庞大的数据集，因此抽样调查的手法正在逐渐"失宠"。

对于大数据的数据集的分析是一项综合数学、统计学、计算机科学等多项专业学科的跨学科工作。这种多学科、多观点的混合，常常会使人对大数据及大数据分析这门学科所涵盖的内容产生疑问，每个人都会有不同的见解。大数据问题所涵盖的内容范围也会随着软硬件技术的更新而变化。这是因为我们在定义大数据的时候考虑了数据特征对于数据解决方案本身的影响。比如 30 年前，1GB 的数据就称得上是大数据,而且我们还会为这份数据专门申请计算资源,而如今,1GB 的数据十分常见,面向消费者的设备就能对其进行快速的存储、转移、复制或者其他处理。

大数据时代下的企业数据,常常通过各种应用、传感器以及外部资源聚集到企业的数据集中。这些数据经过大数据解决方案的处理后,能够直接应用于企业,或者添加到数据仓库中丰富现有的数据。这种大数据解决方案处理的结果,将会给我们带来许多深层知识和益处,例如:

- 运营优化
- 可实践的知识
- 新市场的发现
- 精确的预测
- 故障和欺诈的检测
- 详细的信息记录
- 优化的决策
- 科学的新发现

显然,大数据的应用面和潜在优势十分广阔。然而,在何时选用大数据分析手段的问题上,还有大量的问题需要考虑。当然,我们需要去理解这些存在的问题,并与大数据的优势进行权衡,最终才能做出一个合理的决策并提出合适的解决方案。这些内容我们将在第二部分单独讨论。

1.1 概念与术语

作为开端,我们首先要定义几个基本概念和术语,以便大家理解。

1.1.1 数据集

我们把一组或者一个集合的相关联的数据称作数据集。数据集中的每一个成员数据,都应与数据集中的其他成员拥有相同的特征或者属性。以下是一些数据集的例子:

- 存储在一个文本文件中的推文(tweet)
- 一个文件夹中的图像文件
- 存储在一个 CSV 格式文件中的从数据库中提取出来的行数据

❑ 存储在一个 XML 文件中的历史气象观测数据

图 1.1 中显示了三种不同数据格式的数据集。

数据集

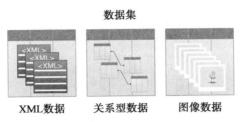

XML数据　　关系型数据　　图像数据

图 1.1　数据集可以有多种不同的格式

1.1.2　数据分析

数据分析是一个通过处理数据，从数据中发现一些深层知识、模式、关系或是趋势的过程。数据分析的总体目标是做出更好的决策。举个简单的例子，通过分析冰淇淋的销售额数据，发现一天中冰淇淋甜筒的销量与当天气温的关系。这个分析结果可以帮助商店根据天气预报来决定每天应该订购多少冰淇淋。通过数据分析，我们可以对分析过的数据建立起关系与模式。图 1.2 显示了代表数据分析的符号。

图 1.2　用于表示数据分析的符号

1.1.3　数据分析学

数据分析学是一个包含数据分析，且比数据分析更为宽泛的概念。数据分析学这门学科涵盖了对整个数据生命周期的管理，而数据生命周期包含了数据收集、数据清理、数据组织、数据分析、数据存储以及数据管理等过程。此外，数据分析学还涵盖了分析方法、科学技术、自动化分析工具等。在大数据环境下，数据分析学发展了数据分析在高度可扩展的、大量分布式技术和框架中的应用，使之有能力处理大量的来自不同信息源的数据。图 1.3 显示了代表数据分析学的符号。

图 1.3   用于表示数据分析学的符号

大数据分析（学）的生命周期通常会对大量非结构化且未经处理过的数据进行识别、获取、准备和分析等操作，从这些数据中提取出能够作为模式识别的输入，或者加入现有的企业数据库的有效信息。

不同的行业会以不同的方式使用大数据分析工具和技术。以下述三者为例：

- ❑ 在商业组织中，利用大数据的分析结果能降低运营开销，还有助于优化决策。
- ❑ 在科研领域，大数据分析能够确认一个现象的起因，并且能基于此提出更为精确的预测。
- ❑ 在服务业领域，比如公众行业，大数据分析有助于人们以更低的开销提供更好的服务。

大数据分析使得决策有了科学基础，现在做决策可以基于实际的数据而不仅仅依赖于过去的经验或者直觉。根据分析结果的不同，我们大致可以将分析归为以下4 类：

- ❑ 描述性分析
- ❑ 诊断性分析
- ❑ 预测性分析
- ❑ 规范性分析

不同的分析类型将需要不同的技术和分析算法。这意味着在传递多种类型的分

析结果的时候，可能会有大量不同的数据、存储、处理要求。如图 1.4 所示，生成
高质量的分析结果将加大分析环境的复杂性和开销。

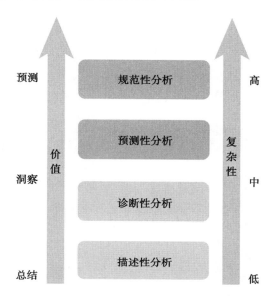

图 1.4　从描述性分析到规范性分析，价值和复杂性都在不断提升

1. 描述性分析

描述性分析往往是对已经发生的事件进行问答和总结。这种形式的分析需要将
数据置于生成信息的上下文中考虑。

相关问题可能包括：

- ❏ 过去 12 个月的销售量如何？
- ❏ 根据事件严重程度和地理位置分类，收到的求助电话的数量如何？
- ❏ 每一位销售经理的月销售额是多少？

据估计，生成的分析结果 80% 都是自然可描述的。描述性分析提供了较低的价
值，但也只需要相对基础的训练集。

如图 1.5 所示，进行描述性分析常常借助即席报表和仪表板（dashboard）。报表
常常是静态的，并且是以数据表格或图表形式呈现的历史数据。查询处理往往基于
企业内部存储的可操作数据，例如客户关系管理系统（CRM）或者企业资源规划系
统（ERP）。

图 1.5　图左侧的操作系统，经过描述性分析工具的处理，
能够生成图右侧的报表或者数据仪表板

2. 诊断性分析

诊断性分析旨在寻求一个已经发生的事件的发生原因。这类分析的目标是通过获取一些与事件相关的信息来回答有关的问题，最后得出事件发生的原因。

相关的问题可能包括：

❑ 为什么 Q2 商品比 Q1 卖得多？
❑ 为什么来自东部地区的求助电话比来自西部地区的要多？
❑ 为什么最近三个月内病人再入院的比率有所提升？

诊断性分析比描述性分析提供了更加有价值的信息，但同时也要求更加高级的训练集。如图 1.6 所示，诊断性分析常常需要从不同的信息源搜集数据，并将它们以一种易于进行下钻和上卷分析的结构加以保存。而诊断性分析的结果可以由交互式可视化界面显示，让用户能够清晰地了解模式与趋势。诊断性分析是基于分析处理系统中的多维数据进行的，而且，与描述性分析相比，它的查询处理更加复杂。

3. 预测性分析

预测性分析常在需要预测一个事件的结果时使用。通过预测性分析，信息将得到增值，这种增值主要表现在信息之间是如何相关的。这种相关性的强度和重要性构成了基于过去事件对未来进行预测的模型的基础。这些用于预测性分析的模型与过去已经发生的事件的潜在条件是隐式相关的，理解这一点很重要。如果这些潜在的条件改变了，那么用于预测性分析的模型也需要进行更新。

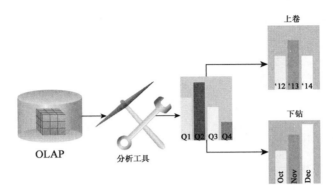

图 1.6　诊断性分析能够产生可以进行上卷和下钻分析的数据

预测性分析提出的问题常常以假设的形式出现，例如：

❑　如果消费者错过了一个月的还款，那么他们无力偿还贷款的几率有多大？
❑　如果以药品 B 来代替药品 A 的使用，那么这个病人生存的几率有多大？
❑　如果一个消费者购买了商品 A 和商品 B，那么他购买商品 C 的概率有多大？

预测性分析尝试着预测事件的结果，而预测则基于模式、趋势以及来自于历史数据和当前数据的期望。这将让我们能够分辨风险与机遇。

这种类型的分析涉及包含外部数据和内部数据的大数据集以及多种分析方法。与描述性分析和诊断性分析相比，这种分析显得更有价值，同时也要求更加高级的训练集。如图 1.7 所示，这种工具通常通过提供用户友好的前端接口对潜在的错综复杂的数据进行抽象。

10

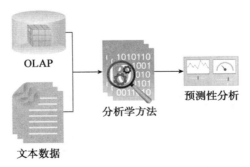

图 1.7　预测性分析能够提供用户友好型的前端接口

4. 规范性分析

规范性分析建立在预测性分析的结果之上，用来规范需要执行的行动。其注重的不仅是哪项操作最佳，还包括了其原因。换句话说，规范性分析提供了经得起质询的结果，因为它们嵌入了情境理解的元素。因此，这种分析常常用来建立优势或者降低风险。

下面是两个这类问题的样例：

❑ 这三种药品中，哪一种能提供最好的疗效？
❑ 何时才是抛售一只股票的最佳时机？

规范性分析比其他三种分析的价值都高，同时还要求最高级的训练集，甚至是专门的分析软件和工具。这种分析将计算大量可能出现的结果，并且推荐出最佳选项。解决方案从解释性的到建议性的均有，同时还能包括各种不同情境的模拟。

这种分析能将内部数据与外部数据结合起来。内部数据可能包括当前和过去的销售数据、消费者信息、产品数据和商业规则。外部数据可能包括社会媒体数据、天气情况、政府公文等等。如图 1.8 所示，规范性分析涉及利用商业规则和大量的内外部数据来模拟事件结果，并且提供最佳的做法。

11

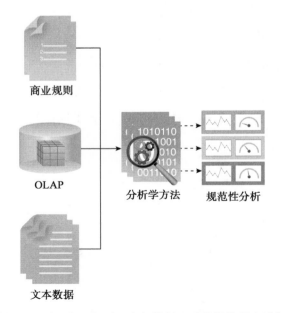

商业规则

OLAP

分析学方法　规范性分析

文本数据

图 1.8　规范性分析通过引入商业规则、内部数据以及外部数据来进行深入彻底的分析

1.1.4　商务智能

商务智能（BI）通过分析由业务过程和信息系统生成的数据让一个组织能够获取企业绩效的内在认识。分析的结果可以用于改进组织绩效，或者通过修正检测出的问题来管理和引导业务过程。商务智能在企业中使用大数据分析，并且这种分析通常会被整合到企业数据仓库中以执行分析查询。如图 1.9 所示，商务智能的输出能以仪表板显示，它允许管理者访问和分析数据，且可以潜在地改进分析查询，从而对数据进行深入挖掘。

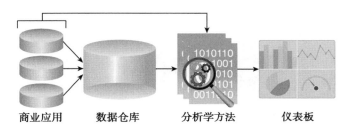

商业应用　　　数据仓库　　　分析学方法　　　仪表板

图 1.9　商务智能用于改善商业应用，将数据仓库中的数据以及仪表板的分析查询结合起来

1.1.5　关键绩效指标

关键绩效指标（KPI）是一种用来衡量一次业务过程是否成功的度量标准。它与企业整体的战略目标和任务相联系。同时，它常常用来识别经营业绩中的一些问题，以及阐释一些执行标准。因此，KPI 通常是一个测量企业整体绩效的特定方面的定量参考指标。如图 1.10 所示，它常常通过专门的仪表板显示。仪表板将多个关键绩效指标联合起来展示，并且将实测值与关键绩效指标阈值相比较。 12

KPI仪表板

图 1.10　KPI 仪表板是评价企业绩效的核心标准

1.2 大数据特征

大数据的数据集至少拥有一个或多个在解决方案设计和分析环境架构中需要考虑的特征。这些特征大多数由道格·兰尼早在 2001 年发布的一篇讨论电子商务数据的容量、速率和多样性对企业数据仓库的影响的文章中最先提出。考虑到非结构化数据的较低信噪比需要，数据真实性随后也被添加到这个特征列表中。最终，其目的还是执行能够及时向企业传递高价值、高质量结果的分析。

这一节将探究 5 个大数据的特征，这些特征可以用来将大数据的"大"与其他形式的数据区分开。这 5 个大数据的特征如图 1.11 所示，我们也常常称为 5V：容量（volume）；速率（velocity）；多样性（variety）；真实性（veracity）；价值（value）。

图 1.11 大数据中的"5V"

13

1.2.1 容量

最初考虑到数据的容量，是指被大数据解决方案所处理的数据量大，并且在持续增长。数据容量大能够影响数据的独立存储和处理需求，同时还能对数据准备、数据恢复、数据管理的操作产生影响。图 1.12 形象地展示了每天来自世界范围内的组织和用户所产生的大量数据。

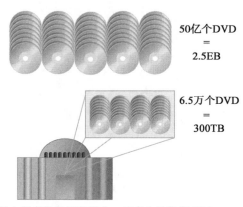

图 1.12 世界上所有的组织和用户一天产生的数据超过 2.5EB，作为对比，
美国国会图书馆目前存储的数据大概为 300TB

典型的生成大量数据的数据源包括：

❑ 在线交易，例如官方在线销售点和网银。
❑ 科研实验，例如大型强子对撞机和阿塔卡玛大型毫米及次毫米波阵列望远镜。
❑ 传感器，例如 GPS 传感器，RFID 标签，智能仪表或者信息技术。
❑ 社交媒体、脸书（Facebook）和推特（Twitter）等。

1.2.2　速率

在大数据环境中，数据产生得很快，在极短的时间内就能聚集起大量的数据集。从企业的角度来说，数据的速率代表数据从进入企业边缘到能够马上进行处理的时间。处理快速的数据输入流，需要企业设计出弹性的数据处理方案，同时也需要强大的数据存储能力。

根据数据源的不同，速率不可能一直很快。例如，核磁共振扫描图像不会像高流量 Web 服务器的日志条目生成速度那么快。图 1.13 给出了高速率大数据生成示例，一分钟内能够生成下列数据：35 万条推文、300 小时的 YouTube 视频、1.71 亿份电子邮件，以及 330GB 飞机引擎的传感器数据。

图 1.13　高速率的大数据例子，包括推文、视频、电子邮件、传感器数据

1.2.3　多样性

数据多样性指的是大数据解决方案需要支持多种不同格式、不同类型的数据。数据多样性给企业带来的挑战包括数据聚合、数据交换、数据处理和数据存储等。

图 1.14 展示了数据多样性的可视化形象，其中包括经济贸易的结构化数据，电子邮件的半结构化数据以及图像等非结构化数据。

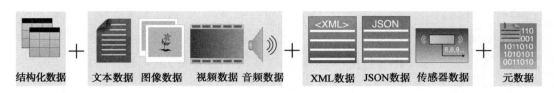

结构化数据　文本数据　图像数据　视频数据 音频数据　　XML数据　JSON数据　传感器数据　　元数据

图 1.14　大数据多样性的例子，包括结构化数据、文本数据、图像数据、视频数据、音频数据、XML 数据、JSON 数据、传感器数据和元数据

15

1.2.4　真实性

数据真实性指的是数据的质量和保真性。进入大数据环境的数据需要确保质量，这样可以使数据处理消除掉不真实的数据和噪音。就数据的真实性而言，数据在数据集中可能是信号，也可能是噪音。噪音是无法被转化为信息与知识的，因此它们没有价值，相对应的，信号则能够被转化成有用的信息并且具有价值。信噪比越高的数据，真实性越高。从可控的行为中获取的数据（例如通过网络消费注册获得的数据）常常比通过不可控行为（例如发布的博客等）获取的数据拥有更少的噪音。而数据的信噪比独立于数据源和数据类型。

1.2.5　价值

数据的价值是指数据对一个企业的有用程度。价值特征直观地与真实性特征相关联，真实性越高，价值越高。同时，价值也依赖于数据处理的时间，因为分析结果具有时效性。例如 20 分钟的股票报价延迟与 20 毫秒的股票报价延迟相比，明显后者的价值远大于前者。正如前面所说，价值与时间紧密相关。数据转变为有意义的信息的时间越长，这份信息对于商业的价值就越小。过时的结果将会抑制决策的效率16 和质量。图 1.15 阐述了价值是如何被数据真实性以及生成结果的时间所影响的。

除了数据真实性和时间，价值也受如下几个生命周期相关的因素影响：

- ❑ 数据是否存储良好？
- ❑ 数据有价值的部分是否在数据清洗的时候被删除了？
- ❑ 数据分析时我们提出的问题是正确的吗？
- ❑ 数据分析的结果是否准确地传达给了做决策的人员？

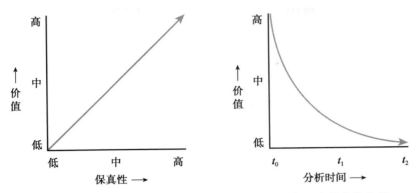

图 1.15　数据的保真性越高，分析时间越短，对商业有越高的价值

1.3　不同数据类型

　　虽然数据最终会被机器处理并生成分析结果，但经由大数据解决方案处理的数据来源，可能是人也可能是机器。人为产生的数据是人与系统交互时的结果，例如在线服务或者数字设备，图 1.16 显示了人为产生的数据的示例。

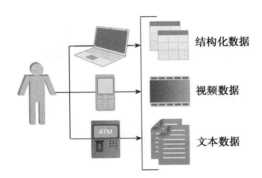

图 1.16　人为产生的数据，例如社交媒体、博客博文、电子邮件、照片分享、短信等

　　机器生成的数据是指由软件程序和硬件设备对现实世界做出回应所产生的数据。例如，一个记录着安全服务的某次授权的日志文件，或者一个销售点管理系统生成的消费者购买的商品清单。从硬件的角度来看，大量的手机传感器生成的位置和信号塔信号强度等信息就是由机器生成数据的例子。图 1.17 清晰地表述了由机器生成的各种数据。

17

　　如上所述，人为产生的数据和机器生成的数据都是多源的，并且会以多种不同的格式呈现。这一节中我们将仔细审查大数据解决方案处理后的多种不同数据类型。主要的类型有以下三种：

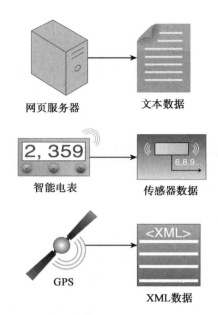

图 1.17　机器生成的数据，例如网页日志、传感器数据、遥感数据、智能电表以及应用数据

❑ 结构化数据
❑ 非结构化数据
❑ 半结构化数据

这些数据类型代表了数据的内部组织结构，有时也叫做数据格式。除了以上三种基本的数据类型以外，还有一种重要的数据类型为元数据，我们将在后面讨论。

1.3.1　结构化数据

结构化数据遵循一个标准的模型，或者模式，并且常常以表格的形式存储。该类型数据通常用来捕捉不同对象实体之间的关系，并且存储在关系型数据库中。诸如 ERP 和 CRM 等企业应用和信息系统之中会频繁地产生结构化数据。由于数据库本身以及大量现有的工具对结构化数据的支持，结构化数据很少需要在处理或存储的过程中做特殊的考虑。这类数据的例子包括银行交易信息、发票信息和消费者记录等。图 1.18 显示了代表结构化数据的符号。

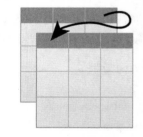

图 1.18　用于表示存储在表中的结构化数据的符号

18

1.3.2　非结构化数据

非结构化数据是指不遵循统一的数据模式或者模型的数据。据估计，企业获得的数据有 80% 左右是非结构化数据，并且其增长速率要高于结构化数据。图1.19 显示了几种常见的非结构化数据。这种类型的数据可以是文本的，也可以是二进制的，常常通过自包含的、非关系型文件传输。一个文本文档可能包含许多博文和推文。而二进制文件多是包含着图像、音频、视频的媒体文件。从技术上讲，文本文件和二进制文件都有根据文件格式本身定义的结构，但是这个层面的结构不在讨论之中，并且非结构化的概念与包含在文件中的数据相关，而与文件本身无关。

存储和处理非结构化的数据通常需要用到专用逻辑。例如，要放映一部视频，正确的编码、解码是至关重要的。非结构化数据不能被直接处理或者用 SQL 语句查询。如果它们需要存储在关系型数据库中，它们会以二进制大型对象（BLOB）形式存储在表中。当然，NoSQL 数据库作为一个非关系型数据库，能够用来同时存储结构化和非结构化数据。

视频数据　　　图像数据　　音频数据

图 1.19　视频数据、图像数据、音频数据都是非结构化数据

1.3.3　半结构化数据

半结构化数据有一定的结构与一致性约束，但本质上不具有关系性。半结构化数据是层次性的或基于图形的。这类数据常常存储在文本文件中。图 1.20 展示了XML 文件和 JSON 文件这两类常见的半结构化数据。由于文本化的本质以及某些层面上的结构化，半结构化数据比非结构化数据更好处理。

19

XML数据　　JSON数据　　传感器数据

图 1.20　XML 数据、JSON 数据和传感器数据均属于半结构化数据

半结构化数据的一些常见来源包括电子转换数据（EDI）文件、扩展表、RSS 源以及传感器数据。半结构化数据也常需要特殊的预处理和存储技术，尤其是重点部分不是基于文本的时候。半结构化数据预处理的一个例子就是对 XML 文件的验证，以确保它符合其模式定义。

1.3.4　元数据

元数据提供了一个数据集的特征和结构信息。这种数据主要由机器生成，并且能够添加到数据集中。搜寻元数据对于大数据存储、处理和分析是至关重要的一步，因为元数据提供了数据系谱信息，以及数据处理的起源。元数据的例子包括：

- ❑ XML 文件中提供作者和创建日期信息的标签
- ❑ 数码照片中提供文件大小和分辨率的属性文件

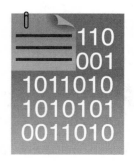

图 1.21　用于表示元数据的符号

1.4　案例学习背景

ETI（Ensure to Insure）是一家领先的保险公司，为全球超过 2500 万客户提供健康、建筑、海事、航空等保险计划。该公司拥有超过 5000 名员工，年利润超过 3.5 亿美元。

1.4.1　历史背景

ETI 早在 50 年前建立之时，就是一家专业做健康保险计划的公司。在过去 30 年的不断收购过程中，ETI 已经发展成了覆盖航空、航海、建筑等多个领域的财产险和意外险的保险公司。这几类保险中每一类都有一个核心团队，包括专业的以及经验丰富的保险代理人、精算师、担保人、理赔人等。

　　精算师负责评估风险，设计新的保险计划并优化现有保险计划，同时代理人则通过推销保险来为公司赚取利润。精算师也会利用仪表板和计分板来对场景进行假设评估分析。担保人则评估保险产品，并决定附加的保险费。理赔人则主要去寻找可能对保险政策不利的赔付声明并且最终决定保险政策。

　　ETI 的一些核心部门包括担保部门、理赔部门、客户服务部门、法律部门、市场部门、人力资源部门、会计部门和 IT 部门。潜在的客户和现有的客户均通过客户服务部门的电话联系 ETI，同时，通过电子邮件和社交平台的联系在近年来也在不断增加。

　　ETI 通过提供富有竞争性的保险条款和终生有效的保险客户服务从众多保险公司中脱颖而出。其管理方针认为这样做能够有效地保留客户群体。ETI 在很大程度上依赖于其精算师制定保险计划来反映其客户的需求。

1.4.2　技术基础和自动化环境

　　ETI 公司的 IT 环境由客户服务器和主机平台组合构成，支持多个系统的执行政策。这些执行系统包括政策报价系统，政策管理系统，理赔管理系统、风险评估系统、文件管理系统、账单系统、企业资源规划（ERP）系统和客户关系管理（CRM）系统。

　　政策报价系统用作创建新的保险计划，并提供报价给潜在客户。它集成了网站和客户服务门户网站，为网站访问者和客户服务代理提供获取保险报价的能力。政策管理系统处理所有政策生命周期方面的管理，包括政策的发布、更新、续订和取消。理赔管理系统主要处理理赔操作行为。

　　一次理赔行为的成立，需要经过如下流程：法定赔偿人提交报告申请，然后理赔人将根据被一同提交上来的直接信息和来源于内外部资源的背景信息对这份报告进行分析，其后理赔才能成立。基于分析的数据，这次理赔行为将会根据固定的一系列商业规则来处理。风险评估系统则被精算师们用来评估任何潜在的风险，例如一次暴风或者洪水可能导致投保人索赔。风险评估系统使得基于概率的风险评估能利用数学和统计学模型量化分析。 21

　　文件管理系统是所有文件的储存中心，这些文件包括保险政策、理赔信息、扫描文档以及客户通信。账单系统持续跟踪客户的保险费同时自动生成电子邮件对未交保险费的客户进行催款。ERP 系统用来每日运作 ETI，包括人力资源管理和财务管理。而 CRM 系统则全面地记录所有客户的交流信息，从电话到电子邮件等，同时也能为电话中心代理人提供解决客户问题的桥梁。更进一步地，它能让市场小组进行一次完整的市场活动。从这些操作系统中得到的数据将被输送到企业数据仓库（EDW），该数据仓库则根据这些数据生成财务和业绩报告。EDW 同时还被用于为不同的监管部门生成报告，确保监管的持续有效执行。

1.4.3 商业目标和障碍

过去的几十年里，该公司的利润一直在递减，于是任命了一个由多名高级经理组成的委员会，对该情况进行调查和提议。委员会发现，财政衰减的主要原因是不断增加的欺诈型理赔以及对这些理赔的赔偿。这些发现表明欺诈行为十分复杂，并且很难去检测，因为诈骗犯越来越富有经验和组织化。除了遭受的直接金钱损失，对诈骗行为的检测流程也造成了相当一部分的间接损失。

另一个需要考虑的因素是，近期多发的洪水、龙卷风和流感等增加真实赔付案例的灾害。其他财政衰减的原因还有由于慢速理赔处理导致的客户流失，保险产品不符合消费者现有需求。此外，一些精通技术的竞争者使用信息技术提供个性化的保险政策，这也是本公司目前不具备的优势。

委员会指出，近期现有法规的更改和新法规出台的频率有所增加。不幸的是，公司对此反应迟缓，并且没有能够确保全面且持续地遵守这些法规。由于这些问题，ETI 不得不支付巨额罚金。

委员会强调，公司财政状况恶劣的原因还包括在制作保险计划和提出保险政策时，担保人未能完整详尽地评估风险。这导致了错误的保险费设置以及比预期更高的理赔金额。近来，收取的保险费与支出的亏空与投资相抵消。然而这不是一个长久的解决方案，因为这样会冲淡投资带来的利润。更进一步地，保险计划常常是基于精算师的经验完成的，而精算师的经验只能应用于普遍的人群，也就是平均情况。这样，一些情况特殊的消费者可能不会对这些保险计划感兴趣。

上述因素同样也是导致整个 ETI 股价下跌并且失去市场地位的原因。

基于委员会的发现，ETI 的执行总裁设定了以下的战略目标：

1）通过三种方法降低损失：（a）加强风险评估，最大化平息风险，将这点应用到创建新保险计划中，并且应用在讨论新的保险政策时；（b）实行积极主动的灾难管理体系，降低潜在的因为灾难导致的理赔；（c）检测诈骗性理赔行为。

2）通过以下两种方法降低客户流失，加强客户保留率：（a）加速理赔处理；（b）基于不同的个体情况出台个性化保险政策。

3）通过加强风险管理技术，可以更好地预测风险，在任何时候实现和维持全面的监管合规性，因为大多数法规需要对风险的精确知识来确保，才能够执行。

咨询过公司的 IT 团队后，委员会建议采取数据驱动的策略。因为在对多种商业操作进行加强分析时，不同的商业操作均需要考虑相关的内部和外部数据。在数据驱动的策略下，决策的产生将基于证据而不是经验或直觉。尤其是大量结构化与非结构化数据的增长对深入而及时的数据分析的良好表现的支持。

23

委员会询问 IT 团队是否还有可能阻碍实行上述策略的因素。IT 团队考虑到了操作的经济约束。作为对此的回应，小组准备了一份可行性报告用来强调下述三个技术难题：

❑ 获取、存储和处理来自内部和外部的非结构化数据——目前，只有结构化数据能够被存储、处理，因为现存的技术并不支持对非结构化数据的处理。

❑ 在短时间内处理大量数据——虽然 EDW 能用来生成基于历史数据的报告，但处理的数据量非常大，而且生成报告需要花费很长时间。

❑ 处理包含结构化数据和非结构化数据的多种数据——非结构化数据生成后，诸如文本文档和电话中心记录不能直接被处理。其次，结构化数据在所有种类的分析中会被独立地使用。

IT 小组得出了结论：ETI 需要采取大数据作为主要的技术来克服以上的问题，并且实现执行总裁所给出的目标。

1.5　案例学习

虽然 ETI 公司目前的策略选择了大数据技术作为实现它们战略目标的手段，但 ETI 并没有大数据技术，因此需要在雇佣大数据咨询团队还是让自己的 IT 团队进行大数据训练中进行选择。最终它们选择了后者。然而，只有高级的成员接受了完整的学习，并且转换为公司永久的大数据咨询员工，同时由他们去训练初级团队，在公司内部进行进一步大数据训练。

接受了大数据学习之后，受训小组的成员强调他们需要一个常用的术语词典，这样整个小组在讨论大数据内容时才能处于同一个频道。其后，他们选择了一个案例驱动的方案。当讨论数据集的时候，小组成员将会指出一些相关的数据集，这些数据集包括理赔、政策、报价、消费者档案、普查档案。虽然这些数据分析和分析学概念很快被接受了，但是一些缺乏商务经验的小组成员在理解 BI 和建立合适的 KPI 上依旧有困难。一个接受过训练的 IT 团队成员以生成月报的过程为例来解释 BI。这个过程需要将操作系统中的数据输入到 EDW 中，并生成诸如保险销售、理赔提交处理的 KPI 在不同的仪表板和计分板上。

就分析方法而言，ETI 同时使用描述性分析和诊断性分析。描述性分析包括通过政策管理系统决定每天卖的保险份数，通过理赔管理系统统计每天的理赔提交数，通过账单系统统计客户的欠款数量。诊断性分析作为 BI 活动的一部分，例如回答为什么上个月的销售目标没有达成这类问题。分析将销售划分为不同的类型和不同的地区，以便发现哪些地区的哪些类型的销售表现得不尽人意。

目前 ETI 并没有使用预测性分析和规范性分析手法。然而，对大数据技术的实行将会使他们最终能够使用这些分析手法，正如他们现在能够处理非结构化数据，让其跟结构化数据一同为分析手法提供支持一样。ETI 决定循序渐进地开始使用这两种分析方法，首先应用预测性分析，锻炼了熟练使用该分析的能力后再开始实施规范性分析。

在这个阶段，ETI 计划利用预测性分析来支持他们实现目标。举个例子，预测性分析能够通过预测可能的欺诈理赔来检测理赔欺诈行为，或者通过对客户流失的案例分析，来找到可能流失的客户。在未来的一段时间内，通过规范性分析，我们可以确定 ETI 能够更加接近他们的目标。例如，规范性分析能够帮助他们在考虑所有可能的风险因素下确立正确的保险费，也能帮助他们在诸如洪水和龙卷风的自然灾害下减少损失。

1.5.1　确定数据特征

IT 团队想要从容量、速率、多样性、真实性、价值这 5 个方面对公司内部和外部的数据进行评估，以得到这些数据对公司利益的影响。于是小组轮流讨论这些特征，考虑不同的数据集如何能够表现出这些特征。

1. 容量

小组强调，在处理理赔、销售新的保险产品以及更改现有产品的过程中，会有大量的转移数据产生。然而，小组进行了一个快速的讨论，发现大量的非结构化数据，无论是来自公司的内部还是外部，都会帮助公司达成目标。这些数据包括健康记录、客户提交保险申请时提交的文件、财产计划、临时数据、社交媒体数据以及天气信息。

2. 速率

考虑所有输入流的数据，有的数据速率很低，例如理赔提交的数据和新政策讨论的数据。但是像网页服务日志和保险费又是速率高的数据。纵观公司外部数据，IT 小组预计社交媒体数据和天气数据将以极快的高频到达。此外，预测还表示灾难管理和诈骗理赔检测的时候数据必须尽快处理，以最小化损失。

3. 多样性

在实现目标的时候，ETI 需要将大量多种不同的数据集联合起来考虑，包括健康记录、策略数据、理赔数据、保险费、社交媒体数据、电话中心数据、理赔人记录、事件图片、天气信息、人口普查数据、网页服务日志以及电子邮件。

4. 真实性

从操作系统和 EDW 中获得的数据样本显示有极高的真实性。于是 IT 小组把 ｜26｜ 这一点添加到数据真实性表现中。数据的真实性体现在多个阶段，包括数据进入公司的阶段、多个应用处理数据的阶段，以及数据稳定存储在数据库中的阶段。考虑 ETI 的外部数据，对一些来自媒体和天气的数据阐明了真实性的递减会导致数据确认和数据清洗的需求增加，因为最终要获得高保真性的数据。

5. 价值

对于价值这个特征，从目前的情况来看，所有 IT 团队的成员都认同他们需要通过确保数据存储的原有格式以及用合适的分析类型来使数据集的价值最大化。

1.5.2 确定数据类型

IT 小组成员对多种数据集进行了分类训练，并得出如下列表：

- ❑ 结构化数据：策略数据、理赔数据、客户档案数据、保险费数据；
- ❑ 非结构化数据：社交媒体数据、保险应用档案、电话中心记录、理赔人记录、事件照片；
- ❑ 半结构化数据：健康记录、客户档案数据、天气记录、人口普查数据、网页日志及电子邮件。

元数据对于 ETI 现在的数据管理过程是一个全新的概念。同样的，即使元数据真的存在，目前的数据处理也没有考虑过元数据的情况。IT 小组指出其中一个原因，公司内部几乎所有的需要处理的数据都是结构化数据。因此，数据的源和特征能很轻易地得知。经过一些考虑后，成员们意识到对于结构化数据来说，数据字典、上次更新数据的时间戳和上次更新时不同关系数据表中的用户编号可以作为它们的元数据使用。

第 2 章

采用大数据的商业动机与驱动

在当今世界的许多组织中，业务可以像其所采用的技术那样进行"架构"。这种观念上的转变体现在当今企业架构领域的不断扩大，即过去只与技术架构紧密结合，而现在却也同样包含业务架构。尽管如今人们还只是从一个机械系统的视角来审视一批批的业务，即一条条指令由行政人员发布给主管，再传递给前线的员工们，但是，基于链接与评测的反馈循环机制为管理决策的有效性提供了保障。

这种从决策到实施再到对结果的测评的循环使得企业有机会不断优化其运营。然而事实上，这种机械化的管理观点正在被一种更加有机的管理观点所取代，这种新的管理观点能够将数据转化为知识与见解来驱动商业行为。但是这种新观点有一个问题在于，传统商业几乎仅仅是由其信息系统的内部数据所驱动的，但如今的公司想要在更像生态系统的市场中实现其业务模型，仅仅靠内部数据是不够的。因此，商业组织需要通过吸收外来数据来直接感知那些影响其收益能力的因素。这种对外来数据的使用导致了"大数据"数据集的诞生。

本章探索了采用大数据解决方案和技术背后的商业驱动与动机。大数据被广泛采用是以下几种力量共同作用的结果：市场动态；对业务架构（BA）的理解和形式表达；对公司提供价值的能力与其业务流程管理（BPM）紧密相连的认知；信息与通信技术（ICT）方面的创新；万物互联（IoE）的概念。以上每一点会分别单独介绍。

2.1 市场动态

近些年来，商业审视自身与市场的方式已经有了根本性的改变。在过去的 15 年

里，发生了两场巨大的股市市价回落：一是 2000 年的互联网泡沫破裂，二是始于
2008 年的全球经济衰退。在以上两个例子里，商业公司都以减少开支的方式来努力提
升自己的效率与效力，从而保证自己的盈利。这种做法的确是正常的，当顾客减少，
削减成本也往往随之发生，以求维持公司运营的底线。在这种情况下，公司往往会实
施转型项目来协助公司节省开支。

当全球经济开始从衰退中复苏，公司又纷纷雄心勃勃，希望通过推出新的产品
与服务，以及增值业务来找到新的顾客，并防止老顾客投入竞争对手的怀抱。这是
一个与当初旨在削减开支截然不同的市场周期，因为它并不是意在转型，而是意在
创新。创新能为一个公司带来希望——找到新方法来实现市场里的竞争优势以及随
之而来的收入增长。

全球经济因为众多因素而处于众多不确定的时期。人们普遍相信世界上主要发
达国家的经济越来越相互依存紧密纠缠在一起，换句话来说，它们由众多经济系统
组成了一个更大的系统。同样，全球的公司都在改变它们关于自我认知和独立性的看
法，因为它们意识到自己同样也由各种复杂的产品和业务网紧紧地联结在一起。

出于这个原因，公司需要扩大其商业智能活动的规模，且不仅仅局限于对公司
信息系统所提供的内部信息的反思。它们需要开放胸怀去迎接外部数据源，并由此
来感知市场以及完成自我定位。对于一家公司来说，认识到引进外部数据能为其内
部数据带来丰富的信息，可以使得它更轻易地从总结的层面，转变为深入洞察的层
面，从而提升分析结果的含金量。一旦有了合适的、能支持复杂的模拟性能的工具，
公司就能得出富于前瞻性的结果。假若这样，这种工具不仅搭起了知识与智慧间的
桥梁，同样也提供了具有建议性的分析结果，而这便是大数据的力量——能极大丰
富一个公司的视野，远超其仅仅依赖于内省而得到的视角。从当初仅能通过只言片
语推断市场情绪相关的信息，到能真真切切感知到市场本身。

> 托马斯·达文波特及劳伦斯·普鲁萨克在他们的书籍《工作知识》中提出了
> 广为接受的数据、信息及知识的有效定义。根据达文波特和普鲁萨克所说，"数
> 据是事件的一系列离散的、客观的事实"。从商业方面来讲，这些事件是发生在
> 一个组织的业务流程和信息系统中的——它们代表了与商业实体相联系的工作的
> 产生、更改以及完成。比如说，订单、货运单、通知单以及客户地址的更新。这
> 些事件，是现实世界中的活动在公司信息系统的关系型数据库中的反映。达文波特

和普鲁萨克进一步将信息定义为"有意义的数据"。被置于语境中的数据能够起到交流的作用，它传递了信息并且提醒了接收者——不管是人类还是系统。信息经由知识生成的经验及洞察力而丰富。作者陈述到"知识是一种有组织的经验、价值观、相关信息及洞察力的动态组合，该组合的框架可以不断地评价和吸收新的经验和信息"。

这种从后知后觉到有先见之明的转变可以通过图 2.1 所示的 DIKW 金字塔来进行理解。注意图中，"智慧"作为三角形的顶端，但是它的存在并不是普遍认为的由 ICT 系统产生的。相反，"知识"工作者们提供了必要的洞察力和经验来为"知识"搭建起一个框架，从而"知识"汇集而形成"智慧"。由技术手段产生的"智慧"很快演变成一个哲学问题，但那已经不是本书的研讨范围了。在商业环境内，技术是用来支持"知识"的管理的，员工也有责任在工作中运用他们的竞争力和智慧，并落实到行动中。

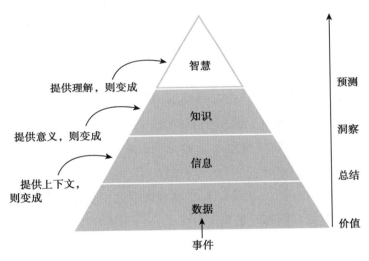

图 2.1　DIKW 金字塔展示了数据是如何通过上下文被丰富，从而创造信息，有意义的信息足以创造知识，而知识集结起来产生智慧

2.2　业务架构

在过去的 10 年里，人们已经渐渐意识到了太多的公司企业架构仅仅是没有远见地复制其技术架构。为了要在 IT 的要塞中占有一席之地，业务架构已经成为与技术架构互补的条件。未来的目标是企业架构会综合业务架构与技术架构而全盘考虑。业务架构提供了一种具体地表达业务设计的方法，业务架构会帮助一个组织将其战略远景与底层执行相统一，不管是技术还是人力资源。因此，业务架构包括了从抽象概念到具体概念的联结，这里的抽象概念有业务目标、前景、策略等，具体概念

有业务服务、组织架构、关键绩效指标和应用服务等。

这些联结作用是十分重要的，因为它们为如何将业务与其相关的信息技术联合起来提供了指导。一个公认的观点是：公司运作如同一个分层的系统：顶层由首席执行者及咨询团队所组成；中间层由战术层与管理层来掌舵，使公司的具体运行不与其战略要求相悖；底层是操作层，在此执行业务的关键环节并向顾客提供价值。这三层均有各自的独立性，但是每一层的目标都受到上一层的影响，并经常直接由上一层所决定，换句话说，是一种自上而下的结构。从旁观的角度来看，信息却是通过大量衡量尺度的聚集自下而上进行流动的。监控着操作层的业务活动产生了对业务和流程都适用的绩效指标（PI）与尺度。它们合起来形成了战术层所需要使用的关键绩效指标（KPI）。然而这些关键绩效指标又会在决策层与关键成功因素（CSF）结合，用来帮助衡量为了实现战略目标所做出的成果。

如图 2.2 所示，大数据在公司组织架构的每一层都与业务架构有所联系。大数据能够提高价值，因为它通过外部视角的集成提供了更多的相关信息，可以对数据转化为信息起到帮助作用，同时也能提供从信息中提炼知识的方法。比如说，在操作层，大量的衡量尺度聚集，但那仅仅反映出在这项业务里发生了什么。本质上，我们是通过商业概念以及相关信息将数据转化，从而获得信息的。而这些信息会被管理层使用，通过职员绩效的角度来回答关于业务是如何展开的问题，换句话说，给予这些信息以意义。这些信息可能会被加以补充，用来解释为何业务处于如今这个水平。当有了这些知识后，决策层就能够有更深入的洞察力，去知道为了纠正或提高业绩，需要改变或采用哪些策略。

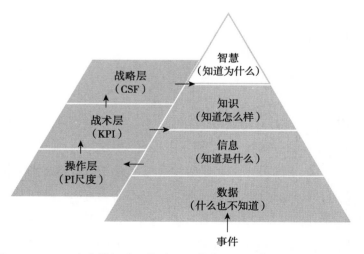

图 2.2　DIKW 金字塔阐述了战略层、战术层和操作层之间的分工合作

正如同每一个分层系统一样，这些层级的变化速度并不往往是一样的。在一个商业企业的例子中，决策层往往是变动最慢的层级，而操作层是变动最快的层级。变化慢的层级为变化快的层级保证了稳定性和发展方向。在传统的组织架构中，管理层的作用是使得操作层的发展方向不与决策团队所制定的战略目标相违背。因为这种在变动速度方面的差异，人们有可能会认为这三个阶层的队伍分别负责战略执行、业务执行以及流程执行。每一个阶层都基于不同的尺度与衡量标准，并由不同的可视化结果与汇报展示所表现。比如说，决策层可能会依赖于平衡记分卡，而管理层会使用关键绩效指标与职工业绩的可视化结果，最后，操作层则是依靠完成业务流程的可视化结果和状态来汇报并展示自己的表现。 ⟦34⟧

如图 2.3 所示，作为 Joe Gollner 在他的博客中所发的"知识的解剖"的一张图表的变体，展示了一个组织应该如何通过一个反馈环来创建一个良性循环以实现组织阶层之间的联结与共鸣。在图表的右侧，决策层会依照管理层战略、政策以及目标这些限制条件来做决策，以形成判断。战术层随即会将这份信息分级，以产生不同的权重和符合公司方向的措施。这些措施会调整操作层对于业务的执行。这接下来会使内部利益相关者和外部的顾客在交付业务服务时的经历发生很大的改变。这份改变，或者说结果，应该在即将集成到关键绩效指标（KPI）中去的绩效指标（PI）的数据中看见。请记住，关键绩效指标是可以与关键成功因素聚合，从而使得决策队伍的人员得知他们的策略是否奏效。随着时间的发展，由决策层与管理层在这个循环中所注入的判断及措施使业务服务的开展更为精炼。

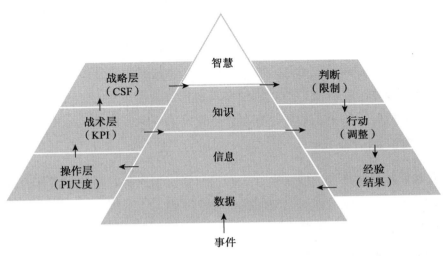

图 2.3　一个通过反馈循环而将组织不同层级联合起来的高品质循环圈的建立 ⟦35⟧

2.3 业务流程管理

随着业务流程被执行，业务向顾客以及利益相关者们传递价值。一项业务流程描述了在一个组织里，工作是如何完成的。它描述了所有工作相关的活动以及它们的关系，以及相对应的组织里的执行者和相关资源。这些活动之间的关系可能是临时的，比如活动 A 在活动 B 前被执行。这些关系同样也能够描述活动的执行是否是有条件的，而条件往往是基于其他活动或者项目流程之外的事件所产生的结果与约束。

业务流程管理通过采用流程优化技术来提升公司的执行力。业务流程管理系统（BPMS）给软件开发者们提供了一个模型驱动的平台，这个平台正在成为业务应用开发环境（BADE）的选择。一份业务应用需要在人员和其他的技术主导的资源中进行调停，执行起来符合公司条例，以及保障职员的公平分工。作为一个业务应用开发环境，一项业务流程的模型要与组织角色以及结构的模型、业务实体以及它们的关系，还有商业规律以及用户界面相结合。开发环境将这些模型全部集成起来以创建一个能够管理工作流程和工作量的业务应用。这个业务应用在一个执行环境里完成，而这个环境能确保公司条例和安全性，并且为长期的业务流程提供状态管理。不管是单独的流程，还是全部的流程，他们的状态都能经受住业务活动监控（BAM）的质询，并且能够可视化。

当业务流程管理与智能的业务流程管理系统相结合以后，流程就能够以一个目标驱动的方式来执行。目标是与流程碎片之间有联系的，而这些流程碎片又是基于对目标的估价而进行动态选取与配置的。当大数据分析结果与基于目标的行为一起运用时，业务流程的执行就能够变得适应市场与环境条件。举一个简单的例子，一个顾客联系流程有着能通过电话、电子邮件、文本信息以及传统的邮件的方式来联系顾客的流程碎片。在最初，选择何种方式来联系顾客是并未经过权衡的，选择哪种方式都是随机的。然而，幕后一直在进行着以统计顾客回应的分析结果来衡量联系方式的有效性。

分析结果是与选择合适的联系方式的目标紧密相连的。一旦有明显的偏好，权重便会朝着有利于达成最好的回应的联系方式改变。一份更加充满细节的分析能够对客户聚类产生影响，将单独的客户划归到群组里去，而一个衡量的维度就是联系方式。在这种情况下，联系客户的精度就能得到提高，这为实现一对一的有目标的市场营销打开了一扇大门。

2.4　信息与通信技术

这一节考察了加快大数据在商业中应用的信息与通信技术，有以下的成果：

- ❑ 数据分析与数据科学
- ❑ 数字化
- ❑ 可负担技术与商用硬件
- ❑ 社交媒体
- ❑ 超连通社区与设备
- ❑ 云计算

2.4.1　数据分析与数据科学

企业正在不断收集、获取、存储、管理和处理不断增加的海量信息。这种现象之所以发生是因为想要找到新的洞察力，以实施更为高效的行动，使得管理过程能够具有前瞻性地把控业务，使得最高管理层能够更好地制定和达到他们的战略方案。最终，企业在寻找新的方法以获取竞争优势，因此对于能够抓取有意义信息的技术的需求在不断上升。计算方法、统计技术以及数据仓库已经能够携手合作，且也能分别运用各自独有的核心技术以完成大数据分析。这些领域实践上的成熟催生并促进了当代大数据解决方案、环境和平台所需求的核心功能。

37

2.4.2　数字化

对许多公司来说，数字媒体已经取代了物理媒体成为实际运用的交流与交付机制。数字产品的应用不仅节省了时间也节省了成本，数字产品的分布依赖于早已存在的、遍布各地的互联网基础设施的支持。当用户通过自身的数字产品与一项业务相连接时，便会产生能够收集辅助信息的机会。比方说，要求一位用户提供反馈，完成一份表单，或仅仅是提供一个钩子程序来展示一份相关广告并追踪它的点击率。收集辅助信息对业务来说十分重要，因为挖掘这个信息能够实现定制化的营销、自动推荐以及优化产品特征的发展。图 2.4 提供了一份关于数字化例子的视觉展示。

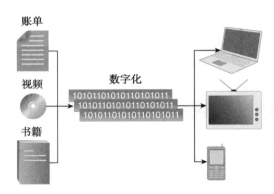

图 2.4   数字化信息的例子，包括在线银行、基于需求的电视以及流视频

2.4.3   开源技术与商用硬件

能够存储和处理各式大量信息的技术已经变得越来越经济。另外，大数据解决方案经常在商用硬件上利用开源软件，以进一步削减成本。商用硬件与开源软件的结合几乎终结了大企业过去由于拥有着大量的 IT 预算而对其他规模较小的竞争者们使用"烧钱"战略的优势。技术已经不再带来竞争优势，相反，它仅仅只是业务实施的平台。从商业的角度来看，能够利用开源技术与商用硬件来产生分析结果，并用它进一步优化业务的执行流程，才是通往竞争优势的大门。

商用硬件的流行使得大数据解决方案可以在不用大量资本投资的情况下在业务中获得应用。图 2.5 提供了一个在过去 20 年里数据存储价格跌幅的例子。

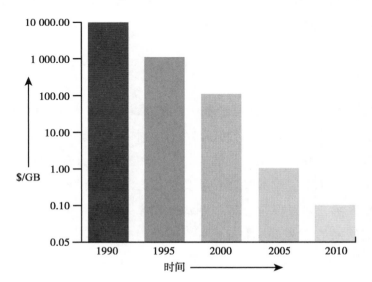

图 2.5   在过去的数十年里，数据存储的价格已从 10 000 美元 /GB
戏剧性地下降到了不到 0.1 美元 /GB

2.4.4　社交媒体

社交媒体的出现已经使得顾客们能够通过公开、公共的媒介，近乎实时地提交自己的反馈。这种转变已经使得各大公司在考虑他们战略规划中的服务和产品供给时，加入了顾客反馈的因素。因此，公司将与日俱增的、由顾客交互产生的大量数据储存在他们的顾客关系管理系统（CRM）内，这些数据来自社交媒体网站的顾客评论、抱怨和嘉奖。这些信息成就了大数据分析算法，使得它能够表达用户的想法，以之来提供更好的服务，增加销售量，促成目标营销，甚至是创造新的产品和服务。公司已经意识到了品牌形象塑造不再由内部营销活动所全权支配，相反，产品品牌和公司名誉是由公司和它的顾客共同创造。基于这个原因，各大公司对来自于社交媒体和其他外部信息源的公共信息集越来越感兴趣。

39

2.4.5　超连通社区与设备

因特网的广泛覆盖以及蜂窝与 Wi-Fi 网络的迅速普及，使得越来越多的人和他们的设备能够在虚拟社区中持续在线。伴着能够连通网络的传感器的普及，物联网的基础架构使得一大批智能联网设备成型。如图 2.6 所示，这反过来导致了可用数据流的大量增长。其中一些流是公共的，而另外一些则直接通往分析公司。举例来说，与采矿业中使用的重型设备有关的基于性能的管理合约能够激发预防和预测性维护的最佳性能，其目的是减少计划之外的故障检修的需要，且避免由之耗费的停工时间。而这需要对设备产生的传感器读数进行具体分析，来对那些可以通过提前安排维护服务而解决的问题进行早期检测。

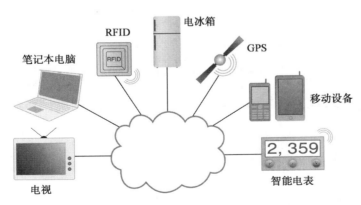

图 2.6　超连通社区与设备包括电视、笔记本电脑、无线射频识别技术、电冰箱、全球定位系统、移动设备和智能电表

2.4.6　云计算

云计算技术的进步已经使得这样的环境成型：通过预付费租赁模式提供高度可扩展性、按需分配的 IT 资源。公司可以利用这些环境所提供的基础设施、储存和处理能力来得到可扩展的大数据解决方案，以完成大规模处理任务。尽管公司在传统上被认为是由一个云标记来描述的公有云环境，但它们同时正利用云管理软件来创建私有云，以通过虚拟化来更加有效地利用它们现存的基础设施。不论发生何种情况，云的基于负载的动态扩展能力，可以创建出能够最大化有效利用信息通信技术资源的弹性分析环境。

`40`

图 2.7 的例子展示了如何利用云环境的扩展能力来执行大数据处理任务。可以通过租赁基于公有云的 IT 资源来大大减少大数据项目所需的先期投资。

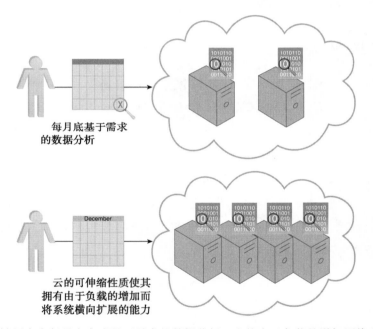

图 2.7　云能被用来在每月底完成基于需求的数据分析，也能由于负载的增加而将系统横向扩展

如今已经在使用云计算的企业，对他们的大数据项目再次使用云计算是合理的，因为

❑ 员工已经掌握了所需的云计算技能

`41`　❑ 输入信息已经存在于云中

使用云服务对于那些打算在可通过数据市场获得的数据集上进行分析的企业来说是极富逻辑性的，因为许多数据市场便将它们的数据集放在一个云环境中，比如 Amazon S3。

总而言之，云计算能够为一份大数据解决方案提供三项必不可少的材料：外部数据集、可扩展性处理能力和大容量存储。

2.5　万物互联网

信息与通信科技、市场动态、业务架构以及业务流程管理这些行业的进步汇聚起来，为如今被称为万物互联网（IoE，以下简称"万联网"）的产生带来了机遇。万联网将由智能联网设备所提供的服务结合起来并转化为有意义的、拥有着提供独特和充满差别的价值主张能力的业务流程。万联网是创新的平台，孕育了新产品、新服务和商业的新利润源。而大数据正是万联网的核心部分。运行在开源技术与商用硬件上的超连通社区与设备产生了能在可延伸的云计算环境中进行分析的数字化数据。这些分析的结果能够产生有前瞻性的见解，例如当前流程会产生多少价值，以及这个流程是否应该提前寻觅机会来进一步地完善自己。

专注于 IoE 的公司能够提升大数据方法来建立或优化工作流程并将之作为外包业务流程提供给第三方。正如同在 2011 年由 Roger Burlton 所编辑的"业务流程声明"中所写的，一个组织的业务流程正是为其顾客和其他股东产生价值成果的源头。结合了对流数据和顾客环境的分析，这种将业务流程的执行与顾客的目标相关联的能力将是未来世界哪家公司能脱颖而出的关键。

在当今传统农业设备大行其道的环境下，一个从万联网中受益的例子就是精细农业。当所有设备连接在一起成为一个系统时（即 GPS 控制牵引车，土壤湿润与施肥传感器，按需灌溉、施肥和施药，以及变量播种等设备全部集合起来），便能在成本最小化的同时最大化土地产出。精细农业提供了挑战工业单一耕作农场的另一种耕种方法。有了万联网的帮助，一些小型农场能够通过提高作物种类和对环境敏感的实践来与大农场相抗衡。除了拥有智能联网的农业设备外，大数据分析设备和现场传感器数据可以驱动一个决策支持系统，以引导农民充分利用他们的机器达到土地最佳产量。[42]

2.6　案例学习

ETI 公司的高级管理委员会调查了公司衰退的财务状况，认识到公司如今的许多问题本可以早些检测到的。如果战术层的管理者们能够有更清醒的意识，他们本可以提早采取措施来避免损失。这种提前警醒能力的缺乏是由于 ETI 未能察觉市场动态已经发生变化。采取新科技来处理业务和设置溢价的竞争者们搅乱了市场，并夺取了 ETI 业务的份额。与此同时，ETI 公司缺乏复杂的欺诈检测系统这一缺陷也被不道德的客户甚至是有组织的犯罪集团所利用。

高管团队向行政管理团队报告了他们的发现，接下来，为了实施之前制定的战略目标，一套新的公司转型与创新优先顺序被制定，它们将被用来指导和分配公司资源，来产生将来会提高 ETI 盈利能力的解决办法。

考虑到转型，业务流程管理条例将会被采用，用来记录、分析和提升业务处理。这些业务流程模型将会用于一个业务流程管理系统（BPMS）中。BPMS 是一个流程自动化框架，保证流程的持续和自动化执行。这会帮助 ETI 展示法规遵从性。另外一个使用 BPMS 的好处是业务处理的可追踪性使得追踪哪位员工处理了哪项业务成为可能。尽管还没有被证实，但是有诸如此类的怀疑，比如一部分的欺诈性业务可能追踪到一些试图破坏由公司条例规定的内部人工控制的员工。换句话说，BPMS 不仅仅会提升满足外部法规遵从性的能力，还会加强 ETI 内部操作流程和工作实践的标准。

43

风险评估和欺诈检测的能力将会由于新型大数据科技的应用而获得提升，而这些大数据科技能够产生相关分析结果，帮助做出基于数据驱动的决策。风险评估结果将会通过提供风险评估度量的方式来帮助精算师减少他们对于直觉的依赖。此外欺诈检测的输出将会被引入自动索赔业务处理流程。欺诈检测的结果同样将被用来将可疑的索赔引入有经验的索赔调整器。这些调整器能够依据 ETI 的索赔责任书来进一步仔细评判一项索赔的性质以及它具有欺诈性的可能性。随着时间的推移，这种人工处理能够导向更好的自动处理，因为索赔调整器的决策会被 BPMS 追踪并用来创建索赔数据的训练集，其中包括了这项索赔是否被视为欺诈性的决定。这些训练集将会增强 ETI 实施预测性分析的能力，因为这些训练集能被一个自动分类器所使用。

当然，决策者们也意识到他们是不能够一直不停地优化 ETI 的业务执行的，因为还没有使数据丰富到能够产生知识的层次。而这个原因最终被归结于对于业务架构缺乏理解。对公司而言，决策者们理解到他们一直将每一项测量标准看作一份关键绩效指标（KPI）。这会产生许许多多的分析，但是由于缺乏重点，导致它并不能展示应有的价值。但是一旦理解到 KPI 是高层次的度量标准且不是每种度量都能被称为 KPI 后，决策者们才能够同意一些度量应该是由战术层来监管。

此外，决策者们往往在将业务执行与战略执行联合起来的方面有问题。而这种现象的产生一部分是由于对于关键成功因素（CSF）的定义出现了错误。战略目的和目标是由 CSF 来进行评估的，而并非是 KPI。将关键成功因素放置在正确的位置能使 ETI 的战略层、战术层和操作层的业务执行变得井然有序。ETI 的行政和管理团队将会紧紧盯着他们的新度量和评价策略，尽全力在接下来的季度里量化它所带来的好处。

ETI 的决策者们做了最后一个决定，这个决定创建了一个新的负责创新管理的组织角色。决策者们意识到公司一直以来变得过于内省。由于同时要管理四条产品线，决策者们没能认识到市场动态正在改变。他们非常惊讶地了解到大数据和当代数据分析工具与技术的好处。此外，尽管他们已经数字化了他们的电子账单以及在业务处理方面大量使用了扫描科技，但是他们并没有考虑到客户们对于智能手机的使用会产生数字信息的新渠道，而这些新渠道会进一步使业务处理现代化。尽管决策者们不觉得他们在一个对基础设施采用云技术的关键位置上，他们已经考虑到了使用第三方软件作为服务提供者来减少与管理顾客关系相关的操作成本的方法。

到了现在，决策者和高级管理团队相信他们已经解决了组织协调问题，形成了合理的计划来采用业务流程管理条例和科技，并成功地使用了大数据技术，旨在提升将来他们感知市场的能力，因此会更好地适应不断变化的环境。

44 ~ 45

第 3 章

大数据采用及规划考虑

大数据项目在本质上是战略性的，并且应该是由业务驱动的。大数据的采用可能具有变革性，但是更常见的是具有创新性的。变革性活动是一种旨在提高效率和有效性的低风险行为。而对于创新性活动而言，由于其会让产品、服务和组织的结构从根本上发生变化，项目的组织者需要在心态上产生变化。大数据采用具有促使这种心态变化产生的作用。创新性活动需要谨慎的心态：过多的控制往往会扼杀创新的主动性，使结果不那么令人满意；过少又会让一个意图明确的项目变成一个无法产出令人满意的结果的科学实验。基于这种背景，我们将用第 3 章来阐述大数据采用和规划考虑。

鉴于大数据本身的性质及其分析能力，在项目开始的时候就有许多的问题需要考虑和规划。例如，任何新技术的采用都需要在某种程度上符合现有的标准。从数据集的获取到使用，来跟踪其出处的问题往往会成为组织的一个新要求。数据处理的过程中谁的数据被操作，谁的身份信息被泄露，这些隐私信息的管理必须提前进行规划。大数据甚至提供了额外的机会将信息从内部环境迁移到远程的可变云端环境中。事实上，以上所有的考虑都需要组织鉴别并建立一套严格的管理流程和决策框架，从而保证责任方能够真正理解大数据的性质、含义和管理需求。

在组织上，采用大数据会改变商业分析的途径。因此，这一章会介绍大数据分析的生命周期。生命周期从大数据项目商业案例的创立开始，到保证分析结果部署在组织中并最大化地创造了价值时结束。在数据识别、获取、过滤、提取、清理和聚合过程中有许多的步骤，这些都是在数据分析之前所必需的。生命周期的执行需要让组织内培养或者雇佣新的具有相关能力的人。

如下文所示，在采用大数据时有许多问题需要考虑与衡量。本章则解释了采用大数据时主要的潜在问题和需要注意的事项。

3.1 组织的先决条件

大数据框架并不是完整的一套解决方案，为了让数据分析的结果创造价值，企业需要数据管理和相应的大数据管理框架。对于负责实施、定制、填充和使用大数据框架的人来说，完善的工作流程和优秀的职业技能是非常必要的。此外，针对大数据解决方案的数据的质量需要进行评估。

无论是多好的大数据解决方案，过时、无效或是不确定的数据都会导致低质量的输入，低质量的输入则会产生低质量的结果。大数据环境的持续周期也需要提前进行计划。使用者需要定义一个路线图来确保任何使用环境的扩展都提前准备好以保持与企业需求的同步。

3.2 数据获取

由于可以使用开源平台和商用硬件，大数据的获取本身是十分经济的。但是，也有可能会有大量的预算被用于获取额外的数据。商业性质会使这些额外的数据变得非常有价值，采用数据的数量越大、种类越多，从这种模式中挖掘出隐藏信息的可能性越大。

额外的数据包括政府数据资源和商用市场数据资源。政府提供的资源（如地理控件数据）可能是免费的。但是，大多数商业相关的数据需要购买，同时，为了确保能够第一时间获取到数据集的更新，我们还需要持续地付款订购。

3.3 隐私性

在数据集上进行分析会透露出一些组织或者个人的机密信息。将一些个别看起来毫无危险性的信息聚合起来进行分析也能够揭示一些隐私信息。这会导致一些有意或无意的隐私数据的泄露。

解决这些隐私问题需要对数据积累的本质和数据隐私管理有着深刻的理解，同时也要使用一些数据标记化和匿名化技术。例如，如图 3.1 所示，在一定周期内收集的类似于汽车 GPS（全球定位系统）日志或者智能仪表的数据等遥测数据能够透露个人位置和日常习惯。

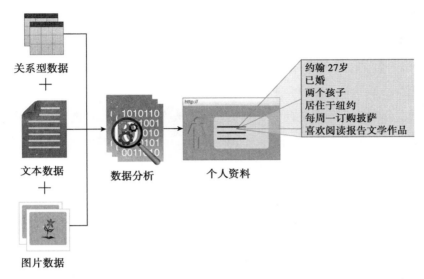

图 3.1　通过分析图片文件、关系数据、文本数据获得信息创建约翰的资料

3.4　安全性

在面临访问控制和数据安全的问题时，大数据的解决方案往往没有传统企业级解决方案那样具有很好的健壮性。大数据安全主要涉及使用用户认证和授权机制保证数据网络和仓库足够安全。

大数据安全还包含了为不同类别的用户创立不同的数据访问级别。例如，与传统的关系型数据库管理系统不同，非关系型数据库往往不会提供健壮的内置安全机制。相反，它们依赖于简单的基于 HTTP 的 API，这些 API 使用明文进行数据交换，这会使数据更容易遭受网络攻击，如图 3.2 所示。

50

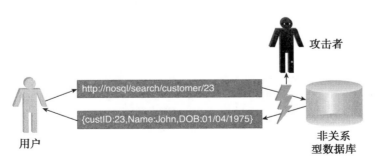

图 3.2　非关系型数据库容易遭受到网络攻击

3.5 数据来源

数据的来源会涉及数据从何而来以及数据如何被加工等信息。来源信息能够帮助使用者确认数据的可靠性与质量，还能用来进行审计操作。在对大量数据进行获取、联合以及实行多重处理的同时，要保存这些数据的来源信息是一项复杂的任务。在分析生命周期的不同环节，数据会因为被传输、加工和储存而处于不同的状态。这些状态与传输中的数据（data-in-motion）、使用中的数据（data-in-use）和储存的数据（data-at-rest）的概念一致。重要的是，无论何时，只要大数据改变了自身的状态，都必须触发对数据来源信息的获取，数据来源信息将作为元数据记录下来。

在数据进入分析环境时，它的来源信息记录会被获取的系谱记录信息所初始化。最终，获取来源信息是为了能够使用源数据知识来推理出生成的分析结果，并且推理出哪些步骤或算法被用来处理那些导致结果的数据。来源信息对于认识数据分析结果的价值来说至关重要。很多的科学研究项目，如果其结果经不起推敲且不能复现，那么这些结果就会失去其可信度。当来源信息如图 3.3 中所示从生成分析结果的过程中获取，那么，这些结果就会更可信从而更放心地使用。

51

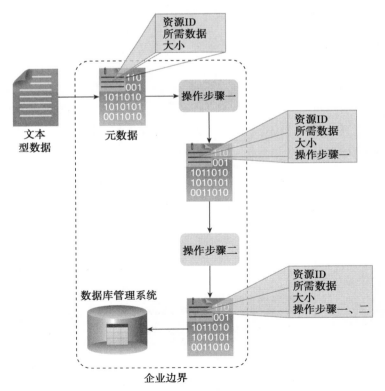

图 3.3　数据可能需要使用数据集属性和其经过的操作流程的细节来进行注释

3.6　有限的实时支持

仪表板或者其他需要流数据和警告的应用，经常要求实时或者接近实时的数据传输。很多的开源大数据解决方案与工具是批处理形式的。但是，现在有一套新的具有实时处理能力的开源工具用于支持流数据分析。很多现有的实时数据分析解决方案可供公众使用。在事务性数据到达时，或是与先前的概要数据进行结合时，我们往往会采用这些方法来获取接近实时的结果。

52

3.7　不同的性能挑战

由于一些大数据解决方案需要处理大量的数据，性能经常成为问题。例如，在大数据集上执行复杂的查询算法会导致较长的查询时间。另一个性能挑战则与网络带宽有关。随着数据量的不断增加，单位数据的传输时间可能超过数据的处理时间，如图 3.4 所示。

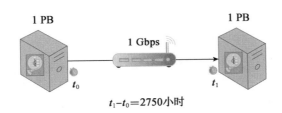

图 3.4　通过千兆局域网以 80% 的吞吐率传输 1PB 的数据大约需要 2750 小时

3.8　不同的管理需求

大数据解决方案访问数据和生成数据，所有这些都会变成有价值的商业资产。为了保证数据和解决方案环境以一种可控制的方式受到较好的管理、标准化和演化，一个数据管理框架是非常必要的。

大数据管理框架包含的内容有以下几例：

❑ 数据加标签与使用元数据生成标签的标准
❑ 规范可能获得的外部数据类型
❑ 关于管理数据隐私和数据匿名化的策略
❑ 数据源和分析结果归档的策略
❑ 实现数据清洗与过滤指导方针的策略

3.9 不同的方法论

为了控制大数据解决方案中数据的流入和流出，方法论十分必要。它需要考虑如何建立反馈循环使处理过的数据能够进行重复细化，如图 3.5 所示。例如，迭代的方法能够用于使商务人员定期为 IT 人员提供反馈。每个反馈周期通过修改数据准备工作或数据分析步骤为系统求精提供机会。

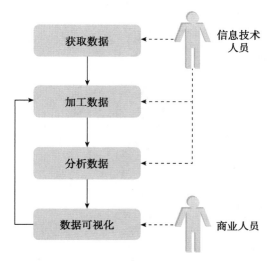

图 3.5　每一轮循环都能对操作步骤、算法和数据模型进行微调
以改善结果的准确性，为商业活动提供更高的价值

3.10　云

正如第 2 章所提及的，云提供远程环境，可以为大规模存储和处理提供 IT 基础设施。无论一个组织是否已经启用云计算，大数据环境需要采用部分或全部基于云的托管。例如，一个在云端运行客户关系模型（CRM）系统的企业为了对其客户关系模型数据进行分析，决定加入一套大数据解决方案。这些数据能够在企业范围内被共享到其主要的大数据环境中。

将云环境用于支持大数据解决方案的常见理由包括：

1）内部硬件资源不足。

2）系统采购的前期资本投资不可用。

3）该项目将与业务的其余部分隔离，以保证现有业务流程不受影响。

4）大数据计划作为概念验证。

5）需要处理的数据集已经在云端。

6）大数据解决方案内部可用计算和存储资源的限制。

3.11　大数据分析的生命周期

由于被处理数据的容量、速率和多样性的特点，大数据分析不同于传统的数据分析。为了处理大数据分析需求的多样性，需要一步步地使用采集、处理、分析和重用数据等方法。接下来将研究特定的数据分析生命周期，这个数据分析生命周期可以组织和管理与大数据分析相关的任务和活动。从大数据的采用和规划的角度来看，除了生命周期以外，还必须考虑数据分析团队的培训、教育、工具和人员配备的问题。

大数据分析的生命周期可以分为以下九个阶段（如图 3.6 所示）：

1）商业案例评估

2）数据标识

3）数据获取与过滤

4）数据提取

5）数据验证与清理

6）数据聚合与表示

7）数据分析

8）数据可视化

9）分析结果的使用

3.11.1　商业案例评估

每一个大数据分析生命周期都必须起始于一个被很好定义的商业案例，这个商业案例有着清晰的执行分析的理由、动机和目标。图 3.6 所示的商业案例分析阶段中，一个商业案例应该在着手分析任务之前被创建、评估和改进。

大数据分析商业案例的评估能够帮助决策者了解需要使用哪些商业资源，需要面临哪些挑战。另外，在这个环节中深入区分关键绩效指标能够更好地明确分析结果的评估标准和评估路线。如果关键绩效指标不容易获取，则需要努力使这个分析项目变得 SMART，即 Specific（具体的）、Measurable（可衡量的）、Attainable（可实现的）、Relevant（相关的）和 Timely（及时的）。

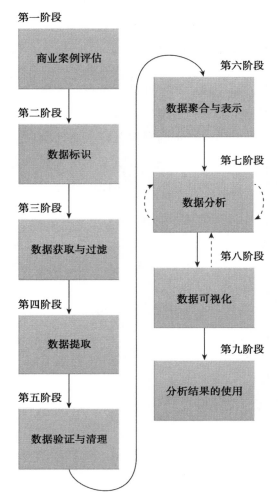

图 3.6 大数据分析生命周期的九个阶段

基于商业案例中记录的商业需求，我们可以确定定位的商业问题是否是真正的大数据问题。为了确定这个问题是否为大数据问题，商务问题必须直接与一个或多个大数据的特点相关，这些特点主要包括数据量大、周转迅速、种类众多。

同样还要注意的是，本阶段的另一个结果是确定执行这个分析项目的基本预算。任何如工具、硬件、培训等需要购买的东西都要提前确定以保证我们可以对预期投入和最终实现目标所产生的收益进行衡量。比起能够反复使用前期投入的后期迭代，大数据分析生命周期的初始迭代需要更多的前期投入在大数据技术、产品和训练上。

3.11.2　数据标识

如图 3.6 所示，数据标识阶段主要是用来标识分析项目所需要的数据集和所需的资源。

标识种类众多的数据资源可能会提高找到隐藏模式和相互关系的可能性。例如，为了提供洞察能力，尽可能多地标识出各种类型的相关数据资源非常有用，尤其是当我们探索的目标并不是那么明确的时候。

根据分析项目的业务范围和正在解决的业务问题的性质，我们需要的数据集和它们的源可能是企业内部和 / 或企业外部的。

在内部数据集的情况下，像是数据集市和操作系统等一系列可供使用的内部资源数据集往往靠预定义的数据集规范来进行收集和匹配。

在外部数据集的情况下，像是数据市场和公开可用的数据集一系列可能的第三方数据提供者的数据集会被收集。一些外部数据的形式则会内嵌到博客和一些基于内容的网站中，这些数据需要通过自动化工具来获取。

3.11.3　数据获取与过滤

如图 3.6 所示，在数据获取和过滤阶段，在前一阶段进行标识的数据已经从所有的数据资源中获取到。这些需要的数据接下来会被归类并进行自动过滤以去除掉所有被污染的数据和对于分析对象毫无价值的数据。

根据数据集的类型，数据可能会是档案文件，如从第三方数据提供者处购入的数据；可能需要 API 集成，像是推特上的数据。在许多情况下，我们需要的数据往往是不相关的数据，特别是外部的非结构化数据，这些数据会在过滤程序中被丢弃。

被定义为“腐坏”的数据包括遗失或毫无意义的值或是无效的数据类型。被一种分析过程过滤掉的数据集还有可能对于另一种不同类型的分析过程具有价值。因此，在执行过滤之前存储一份原文拷贝是一个不错的选择。为了节省存储空间，我们可以对原文拷贝进行压缩。

内部数据或外部数据在生成或进入企业边界后都需要继续保存。为了满足批处理分析的要求，数据必须在分析之前存储在磁盘中。而在实时分析时，数据需要先进行分析然后再存储在磁盘中。

如图 3.7 所示，元数据会通过自动化操作添加到来自内部和外部的数据资源中来改善分类和查询。扩充的元数据例子主要包括数据集的大小和结构、资源信息、日期、创建或收集的时间、特定语言的信息等。元数据能够被机器读取并传送到数据分析的下一个阶段是至关重要的。这能够帮助我们贯穿大数据分析的生命周期保留数据的起源信息。这可以保证数据的精确性和高质量。

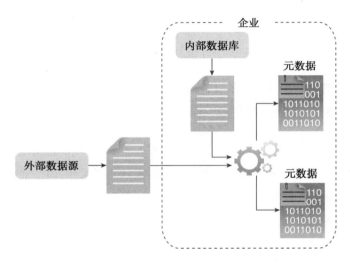

图 3.7　元数据从内部资源和外部资源中添加到数据中

3.11.4　数据提取

确定为分析输入的一些数据可能会与大数据解决方案产生格式上的不兼容。需要解决的不同格式的数据往往来自于外部资源。图 3.6 所示的数据提取阶段主要是要提取不同的数据，并将其转化为大数据解决方案中可用于数据分析的格式。

需要提取和转化的程度取决于分析的类型和大数据解决方案的能力。例如，如果相关的大数据解决方案已经能够直接加工文件，那么从有限的文本数据（如网络服务器日志文件）中提取需要的域，可能不是那么必要。

类似的，如果大数据解决方案可以直接以本地格式读取文稿的话，对于需要总览整个文稿的文本分析而言，文本的提取过程就会简化许多。

图 3.8 显示了从没有更多转化需求的 XML 文档中对注释和内嵌用户 ID 的提取。

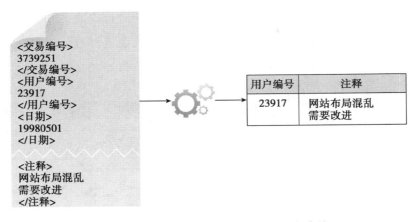

图 3.8　从 XML 文档中提取注释和用户编号

图 3.9 显示了从单个 JSON 字段中提取用户的经纬度坐标。

为了满足大数据解决方案的需求，将数据分为两个不同的域，这就需要进一步的数据转化。

图 3.9　从单个 JSON 文件中提取用户编号和相关信息

3.11.5　数据验证与清理

无效数据会歪曲和伪造分析的结果。和传统的企业数据那种数据结构被提前定义好、数据也被提前校验的方式不同，大数据分析的数据输入往往没有任何的参考和验证来进行结构化操作。它的复杂性会进一步使数据集的验证约束变得困难。

图 3.6 所示的数据验证和清理阶段是为了整合验证规则并移除任何已知的无效数据。

大数据经常会从不同的数据集中接收到冗余的数据。这些冗余数据往往会为了整合验证字段、填充无效数据而被用来探索有联系的数据集。

如图 3.10 所示：

❑ 数据集 B 的第一个值会与数据集 A 中的相关值进行验证。

❑ 数据集 B 的第二个值无法与数据集 A 中的相关值进行验证。

❑ 如果有哪个值丢失了就会被插入到数据集 A 中。

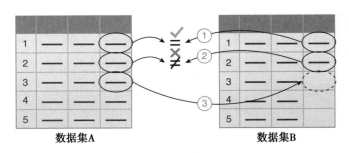

图 3.10　数据验证会被用来检验具有内在联系的数据集，填充遗失的有效数据

对于批处理分析，数据验证与抽取可以通过离线 ETL（抽取转换加载）来执行。对于实时分析，则需要一个更加复杂的在内存中的系统来对从资源中得到的数据进行处理，在确认问题数据的准确性和质量时，来源信息往往扮演着十分重要的角色。看起来无效的数据可能在其他隐藏模式和趋势中具有价值，如图 3.11 所示。

图 3.11　无效数据的存在造成了一个峰值，尽管这个数据看起来
不正常，但是它可能在新的模式中有意义

3.11.6　数据聚合与表示

数据可以在多个数据集中传播，这要求这些数据集通过相同的域被连接在一起，就像日期和 ID。在其他情况下，相同的数据域可能会出现在不同的数据集中，如出生日期。无论哪种方式都需要对数据进行核对的方法或者需要确定表示正确值的数据集。

图 3.6 所示的数据聚合和表示阶段是专门为了将多个数据集进行聚合，从而获得一个统一的视图。

执行这个阶段会因为如下所示的两种不同情况变得复杂：

❑ 数据结构——尽管数据格式是相同的，数据模型则可能不同。

❑ 语义——在两个不同的数据集中具有不同标记的值可能表示同样的内容，比如"姓"和"姓氏"。

通过大数据解决方案处理的大量数据能够使数据聚合变成一个时间和劳动密集型的操作。调和这些差异需要的是可以自动执行的无需人工干预的复杂的逻辑。

在此阶段，需要考虑未来的数据分析需求，以帮助数据的可重用性。是否需要对数据进行聚合，了解同样的数据能以不同形式来存储十分重要。一种形式可能比另一种更适合特定的分析类型。例如，如果需要访问个别数据字段，以 BLOB 存储的数据就会变得没有多大的用处。

由大数据解决方案进行标准化的数据结构可以作为一个标准的共同特征被用于一系列的分析技术和项目。这可能需要建立一个像非结构化数据库一样的中央标准分析仓库，如图 3.12 所示。

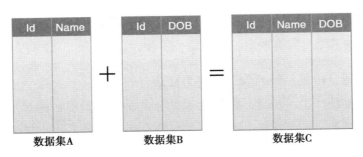

图 3.12　使用 ID 域聚集两个数据域的简单例子

图 3.13 展示了存储在两种不同格式中的相同数据块。数据集 A 包含所需的数据块，但是由于它是 BLOB 的一部分而不容易访问。数据集 B 包含有相同的以列为基础来存储的数据块，使用每个字段都被单独查询到。

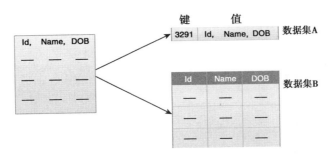

图 3.13　数据集 A 和 B 能通过大数据解决方案结合起来创建一个标准化的数据结构

3.11.7　数据分析

图 3.6 所示的数据分析阶段致力于执行实际的分析任务，通常会涉及一种或多种类型的数据分析。在这个阶段，数据可以自然迭代，尤其是在数据分析是探索性分析的情况下，分析过程会一直重复，直到适当的模式或者相关性被发现。后面将会对探索分析的方法与验证分析的方法进行简短的说明。

根据所需的分析结果的类型，这个阶段可以被尽可能地简化为查询数据集以实现用于比较的聚合。另一方面，它可以像结合数据挖掘和复杂统计分析技术来发现各种模式和异常，或是生成一个统计或是数学模型来描述变量关系一样具有挑战性。

如图 3.14 所示，数据分析可以分为验证分析和探索分析两类，后者常常与数据挖掘相联系。

验证性数据分析是一种演绎方法，即先提出被调查的现象的原因，这种被提出的原因或者假说称为一个假设。接下来使用数据分析以验证和反驳这个假设，并为这些具体的问题提供明确的答案。我们常常会使用数据采样技术，意料之外的发现或异常经常会被忽略，因为预定的原因是一个假设。

探索性数据分析是一种与数据挖掘紧密结合的归纳法。在这个过程中没有假想的或是预定的假设产生。相反，数据会通过分析探索来发展一种对于现象起因的理解。尽管它可能无法提供明确的答案，但这种方法会提供一个大致的方向以便发现模式或异常。

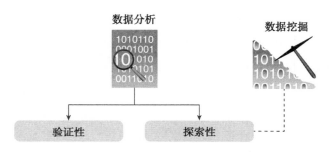

图 3.14　数据分析可以分为验证性分析和探索性分析

3.11.8　数据可视化

如果只有分析师才能解释数据分析结果的话，那么分析海量数据并发现有用的见解的能力就没有什么价值了。

如图 3.6 所示，数据可视化阶段致力于由商务使用者使用数据可视化技术和工具，并通过图形表示有效的分析结果。为了从分析中获取价值并在随后拥有从第八阶段向第七阶段提供反馈的能力，商务用户必须充分理解数据分析的结果。

完成数据可视化阶段得到的结果能够为用户提供执行可视化分析的能力，这能够让用户去发现一些未曾预估到的问题的答案。可视化分析技术会在本书的后面进行介绍。相同的结果可能会以许多不同的方式来呈现，这会影响最终结果的解释。因此，重要的是保证商务域在相应环境中使用最合适的可视化技术。

另一个必须要记住的方面是：为了让用户了解最终的积累或者汇总结果是如何产生的，提供一种相对简单的统计方法也是至关重要的。

3.11.9　分析结果的使用

大数据分析结果可以用来为商业使用者提供商业决策支持，像是使用图表之类的工具，可以为使用者提供更多使用这些分析结果的机会。图 3.6 所示，分析结果的使用阶段致力于确定如何以及在哪里处理分析数据能保证产出更大的价值。

基于要解决的分析问题本身的性质，分析结果很有可能会产生对被分析的数据内部一些模式和关系有着新的看法的"模型"。这个模型可能看起来会比较像一些数据公式和规则的集合。它们可以用来改进商业进程的逻辑和应用系统的逻辑。它们也可以作为新的系统或者软件的基础。

在这个阶段常常会被探索的领域主要有以下几种：

❏ 企业系统的输入——数据分析的结果可以自动或者手动地输入到企业系统中，用来改进系统的行为模式。例如，在线商店可以通过处理用户关系分析结果来改进产品推荐方式。新的模型可以在现有的企业系统或是在新系统的基础上改善操作逻辑。

❏ 商务进程优化——在数据分析过程中识别出的模式、关系和异常能够用来改善商务进程。例如作为供应链的一部分整合运输线路。模型也有机会能够改善商务流程逻辑。

❏ 警报——数据分析的结果可以作为现有警报的输入或者是新警报的基础。例如，可以创建通过电子邮件或者短信的警报来提醒用户采取纠正措施。

3.12 案例学习

ETI 的技术团队相信，大数据是解决他们当前所有问题的法宝。但是，经过培训的技术人员指出，大数据的不同之处只是在于采用了一个不同的技术平台。此外，为了确保大数据采用的成功，有一系列的因素需要考虑。因此，为了确保商务相关的因素被正确理解，IT 团队与技术经理必须在一起完成一份可行性报告。在这个早期阶段，相关的商务人员会进一步创建一个有助于减少管理人员预期和实际交付结果之间差距的环境。

一种普遍的理解认为，大数据是面向商务的，能够帮助企业达成目标。大数据技术能够存储和处理大量非结构化的数据，并结合多个数据集帮助企业了解风险。因此，这些公司希望可以通过接纳低风险申请人成为用户从而尽量减少损失。同样的，ETI 还希望这些技术可以通过发现用户的非结构化的行为数据和用户的反常行为来避免欺诈性索赔，进一步减少损失。

培训大数据领域技术团队的决定为 ETI 采用大数据做好了准备。这个团队相信自己已经拥有了处理大数据项目的技能。早期识别和分类的数据使团队处于一个能够决定所需技术的有利地位。企业管理部门在早期的参与也为此提供了自己的理解。将来出现了任何的新兴商业需求，他们都可以预计到使用大数据解决方案会产生的变化。

在这个初始阶段，只有很少的一部分像是社交媒体和普查数据等外部数据被确定。为了购入第三方提供的数据，管理人员会提供充足的预算。在隐私方面，商业用户一般会对获取相关客户的其他数据保持一定的警惕，因为这会引起客户的不信任。但是，这同时也是一种激励驱动机制，是一种可以让用户认同和信任的自我介绍，例如，较低的保费能够很好地吸引到客户。考虑到安全问题时，IT 团队认为为了确保大数据解决方案中的数据有着标准化、基于角色的、有着完善的访问控制机制，需要投入更多的精力进行开发。对于开源数据库而言，存储非关系型数据尤为重要。

尽管商业用户对于使用非结构化数据进行深度分析十分兴奋，但是他们对于能够多大程度上相信这些结果的问题也十分关心。对于涉及第三方提供的数据的分析，IT 团队认为应该使用一个框架用来存储和更新每个被存储和使用的数据集的元数据，这样才能保证数据源在任何时候都能保存起来让处理结果可以重新回溯到数据资源。

ETI 现在的目标包括解决争议问题，发现欺诈性问题。这些目标的实现需要一套能够及时提供结果的解决方案。但是，他们并没有预期到，实时数据分析的支持也是十分必要的。IT 团队认为基于开源大数据技术实现一套基于批处理的大数据管理系统就能够满足要求。

ETI 现有的 IT 基础设施主要由相对较老的网络标准组成。同样的，大多数的服务器由于处理器速度、磁盘容量和磁盘速度等技术规格决定了它们并不能提供最佳的数据处理性能。因此，在设计和构建大数据解决方案前，必须对当前的 IT 设施进行更新升级。

商务团队和 IT 团队都认为大数据管理框架十分必要，它不仅可以规范不同数据源的使用，也完全符合任何数据隐私相关的法规。此外，为了让数据分析针对于商务应用，确保能够产生有意义的分析结果，项目决定采用包含有商务个体关系的迭代数据分析。例如，在分析如何"提高客户保留率"的情况下，市场和销售团队可以被包含在数据分析进程中作为数据集的选择，这样才能保证只有数据集中的相关属性能被采用。此后，商务团队能够在分析结果的解释和适用性方面提供有价值的反馈。

在云计算方面，IT 团队认为系统中没有云计算模块，团队也没有云技术相关的技能。出于现实和一些安全性方面的考虑，IT 团队决定建立一套内部部署的大数据解决方案，他们认为他们内部的 CRM（用户关系管理）系统未来可以替代一些基于云的、软件服务 CRM 解决方案。 72

3.12.1　大数据分析的生命周期

ETI 的大数据进程已经到了 IT 团队需要评估所需技能、管理部门认识到大数据解决方案可以给商业目标提供潜在收益的阶段了。首席执行官与主管们也跃跃欲试想要看看大数据的效果。作为回应，IT 团队与管理团队一起开始了企业的第一个大数据项目。在完成整体评估之后，"检测欺诈索赔"目标被作为第一个大数据解决方案。接下来团队会逐步落实大数据解决方案的生命周期以实现这个目标。

3.12.2　商业案例评估

执行"检测欺诈索赔"的大数据分析，直接对应于金钱损失的减少进而执行完整的业务支持。尽管欺诈性行为出现在 ETI 的四个业务部门，但是出于使分析项目不断推进的考虑，大数据分析的范围仅仅限定于建筑领域的欺诈识别。

ETI 为个人和商业客户提供建筑和财产保险。尽管保险诈骗需要投机取巧、精心组织，但是欺诈和夸大事实的伺机诈骗还是出现在大多数案例中。为了衡量大数据解决方案的诈骗检测是否成功，关键性技术指标被设置为 15%。

考虑到团队的预算问题，团队决定将预算最大的一部分放在新的适合大数据解决方案环境的基础设施上。他们意识到他们将通过使用开源技术来实现批处理操作，因此他们并不认为在工具上需要投入太多。然而，当他们考虑到广泛的大数据生命周期，团队成员认为他们应该为附加数据鉴别和净化的工具以及更新的数据可视化技术投入一些预算。计算完这些费用后，成本效益分析表明，如果能够达到欺诈检测的目标 KPI，大数据解决方案的投入就能够得到回报。作为分析的结果，团队认为利用大数据增强数据分析可以使商务案例更加健壮。

3.12.3　数据标识

有一系列的内部和外部数据集需要进行标识。内部数据包括策略数据、保险申请文件、索赔数据、理赔人记录、事件照片、呼叫中心客服记录和电子邮件。外部数据包括社交媒体数据（推特的更新信息）、天气预报、地理信息数据（GIS）和普查数据等。几乎所有的数据集都回顾了过去 5 年的时间。索赔数据由多个域组成，其中一个域用来指定历史索赔数据是欺诈数据还是合法数据。

3.12.4　数据获取与过滤

策略数据包含在策略管理系统中，索赔数据、事件图片和理赔人记录存在索赔管理系统中。保险申请文档则包含在文件管理系统中。理赔人记录内嵌在索赔数据中。因此需要一个单独的进程来进行提取。呼叫中心客服记录和电子邮件则包含在客户关系管理系统中。

该数据集的其他部分是从第三方数据提供者处获取。所有数据集的原始版本的压缩副本被存储在磁盘上。从数据源的角度来看，以下的元数据可以用来跟踪捕获每个数据集的谱系：数据集的名称、来源、大小、格式、校验值、获取日期和记录编号。对推特的订阅数据和气象报告里数据质量的快速检查表明，这些记录的百分之四到百分之五是被污染的数据。因此，需要建立两个批处理数据过滤进程来消除被污染的数据。

3.12.5　数据提取

IT 团队认为为了提取出所需的域，一些数据集需要进行预处理。例如，推文数据格式是 JSON 格式。为了分析推文数据，用户 id、时间戳和推文文本这几个域需要进行提取并转换为表格格式。进一步，天气数据集是层级格式（XML）格式，因此像是时间戳、温度预报、风速预报、风向预报、降雪预报和洪水预警等域也需要提取和保存为表格格式。

3.12.6　数据验证与清理

为了保证成本的落实，ETI 现在采用免费的天气和普查数据，这些数据并不保证百分之百的准确。因此，这些数据需要进行验证与清理。基于现有的出版的域的信息，团队能够检验提取出域的拼写错误和任何数据类型与数据范围不正确的数据。有一个确定的规则，如果记录中包含一些有意义的信息，即使它的一些字段可能包含无效的数据，也不会删除这条记录。

3.12.7　数据聚合与表示

为了进行有意义的数据分析，技术团队决定连接一些策略数据、索赔数据和呼叫中心客服记录到一个单独的数据集中，这个数据集本质是一个能够通过查询获取每个域的数据集。这个数据集不仅能够帮助团队正确完成识别欺诈性索赔的数据分析任务，还能够为其他的分析任务，如风险评估、索赔快速处理等任务提供帮助。结果数据集会被存储到一个非结构化数据库中。

3.12.8　数据分析

在这个阶段，如果数据分析没有采用正确的工具来识别欺诈性索赔，IT 团队会干涉数据分析的过程。为了能够识别出欺诈性索赔，首先需要找出欺诈性索赔和合理索赔的区别。因此，必须要进行探索性分析。作为整体分析的一部分，在第 8 章讨论的一些技术会被应用到分析过程中。这一阶段会重复多次，直到得到最终的结果，因为仅仅一次并不足以分析出欺诈性索赔与合法索赔之间的不同。作为这个过程的一部分，没有直接显示出欺诈性索赔的字段往往会被舍弃，而展示出欺诈性索赔特性的字段则会被保留或者加入。

3.12.9　数据可视化

这个团队得到了一些有趣的发现，现在需要将结果展示给精算师、担保人和理赔人。不同的可视化方式使用不同的条形图、折线图和散点图。散点图可以使用不同的因素来分析多组欺诈性索赔和合法索赔，如客户年龄、合同年限、索赔数量和索赔价值等。

3.12.10　分析结果的使用

基于数据分析的结果，担保人和索赔受理者现在可以理解欺诈性索赔的性质。但是，为了使数据分析工作产生实实在在的收益，必须创建一个基于机器学习技术的模型，这个模型接下来能够合并到现有的理赔处理系统中用来标记欺诈性索赔。其中所涉及的机器学习技术会在第 8 章讨论。

第 4 章

企业级技术与大数据商务智能

正如第 2 章中所描述的，在一个如同分层系统来执行业务的企业里，战略层限制着战术层，而战术层领导着操作层。各层级之间能够达到和谐一致是通过各种度量和绩效指标来实现的，而这些度量与绩效指标以高屋建瓴的方式指导操作层如何去处理业务。这些度量聚合起来，再赋予一些额外的意义，便成为了关键绩效指标，而这正是战术层的管理者们赖以评价公司绩效或者业务执行的关键。关键绩效指标会与其他用来评估关键成功因素的度量相关联起来，最终这一系列丰富的度量指标便对应着由数据转化为信息，由信息转化为知识，再由知识转化为智慧的这一过程。

这一章介绍了一些支持这一转变过程的企业级技术。数据存在一个组织的操作层信息系统之中，另外，数据库结构利用各种查询操作产生信息。处在分析食物链上层的是分析处理系统，这些系统会增强多维结构的能力来回答更为复杂的查询和提供更为深邃的眼光来指导业务操作。数据会以更大的规模从整个企业中获取并储存在一个数据仓库里。管理者们正是通过这些数据仓库来对更广泛的公司绩效和关键绩效指标获得更深入的理解。

这章的内容包括以下几个主题：

❏ 联机事务处理（OLTP）
❏ 联机分析处理（OLAP）
❏ 抽取、转换和加载技术（ETL）
❏ 数据仓库

❑ 数据集市
❑ 传统商务智能
❑ 大数据商务智能

4.1 联机事务处理

联机事务处理（OLTP）系统是一个处理面向事务型数据的软件系统。"联机事务"这个术语意指实时完成某项活动，而不是分批完成的。OLTP 系统储存的是经过规范化的操作数据，而这些数据是结构化数据一个常见的来源，并且也常常作为许多分析处理的输入。大数据分析结构能够被用来增强储存在底层关系型数据库的OLTP 数据。以一个 POS 机系统为例，OLTP 系统在公司业务的协助下进行业务流程的处理。如图 4.1 所示，它们依据一个关系型数据库来处理事务。

OLTP 系统所能支持的查询由一些简单的插入、删除和更新操作组成，通常这些操作的反应时间都为亚秒级。常见的例子包括订票系统、银行业务系统和 POS 系统。

业务流程　　　　快速简单查询　关系数据库管理系统

图 4.1　OLTP 系统执行简单的数据库操作以提供亚秒级的反应时间

4.2 联机分析处理

联机分析处理（OLAP）系统被用来处理数据分析查询。OLAP 系统是形成商务智能、数据挖掘和机器学习处理过程中不可或缺的部分。它们与大数据有关联，因为它们既能作为数据源，也能作为接收数据的数据接收装置。OLAP 系统可被用于诊断性分析、预测性分析和规范性分析。如图 4.2 所示，OLAP 系统依靠一个多维数据库来完成耗时且复杂的查询，这个数据库为了执行高级分析而优化了结构。

OLAP 系统会存储一些聚集起来且去结构化的、支持快速汇报能力的历史数据。它们进一步运用了一些以多维结构来存储历史数据的数据库，并且有基于多领域数据之间的关系来回答复杂查询的能力。

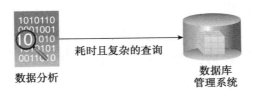

图 4.2　OLAP 系统使用多维数据库

4.3　抽取、转换和加载技术

抽取、转换和加载技术（ETL）是一个将数据从源系统中加载到目标系统中的过程。源系统可以是一个数据库、一个平面文件或者是一个应用。相似的，目标系统也可以是一个数据库或者其他存储系统。

ETL 表示了数据仓库被喂食数据的主要过程。一份大数据解决方案是围绕着 ETL 的特征集来的，将各种不同类型的数据进行转换。图 4.3 展示了所需数据首先从源中进行获取或抽取，然后，抽取物依据规则应用被修饰或转换，最终，数据被插入到或者加载到目标系统中。

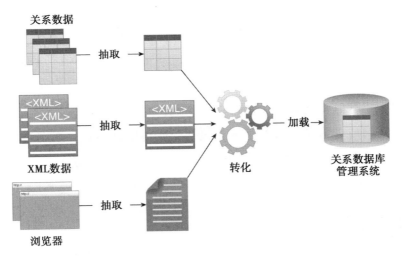

图 4.3　一个 ETL 过程能够从多项源中抽取数据，并将之转换，最后加载到一个单目标系统中

4.4　数据仓库

一个数据仓库是一个由历史数据与当前数据组成的中央的、企业级的仓库。数据仓库常常被商务智能用来运行各种各样的分析查询，并且它们经常会与一个联机分析处理系统交互来支持多维分析查询，这点在图 4.4 中得以体现。

　　从不同的业务系统而来的与多数商业实体相关的数据会被周期性地提取、验证、转换，最终合并到一个单独的去规范化的数据库里。由于有着来自于整个企业周期性的数据输入，一个给定的数据仓库里的数据量会持续性地增长。随着时间流逝，这会慢慢导致数据分析任务的反应时间越来越慢。为了解决这个缺点，数据仓库往往包含被称为分析型数据库的经过优化的数据库，来处理报告与数据分析的任务。

80　　一个分析型数据库能作为一个单独的管理系统存在，例如一个联机分析处理系统。

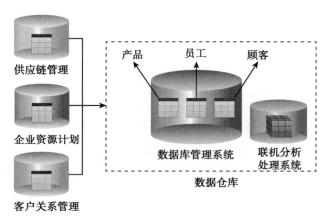

图 4.4　批处理任务会周期性地将数据从类似于企业资源计划系统，客户关系管理系统和供应链管理系统的业务系统中载入一个数据仓库

4.5　数据集市

　　数据集市是存储在数据仓库里的一个数据子集，这个数据仓库往往属于一个分公司、一个部门或者特定的业务范围。数据仓库可以有多个数据集市。如图 4.5 所示，企业级数据被整合，然后商业实体被提取。特定领域的实体通过 ETL 过程插入

81　到数据仓库。

4.6　传统商务智能

　　传统商务智能主要使用描述性和诊断性分析来为历史性活动或现今活动提供数据。它不"智能"是因为只能为正确格式的问题提供答案。能够正确阐述问题需要对商务事物和数据本身的理解。商务智能通过以下方式对不同的关键绩效指标作报告：

　　❏　即席报表
　　❏　仪表板

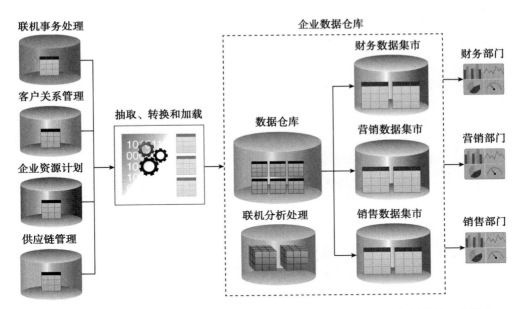

图 4.5　一个数据仓库的"真实"版本是依赖于干净数据的，如同图右侧的每一个输出
一样，这是准确的和无错的汇报的前提条件

4.6.1　即席报表

即席报表是一个涉及了人工处理数据来产生定制汇报的过程，这一点在图 4.6 中得以展示。一次即席报表的重点在于它常常是基于商业中的一个特定领域的，比如它的营销或者供应链管理。所生成的特定汇报是具有丰富细节的，在性质上通常呈现扁平化的风格。

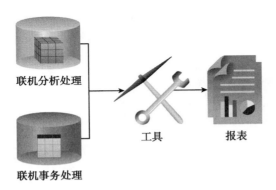

图 4.6　OLAP 和 OLTP 数据源能够为商务智能所使用，来产生即席报表和仪表板

4.6.2　仪表板

仪表板会提供关键商务领域的全局视野。展示在仪表板中的信息有着实时或近

实时的周期性间隔。仪表板中的数据展示在性质上是图表状的，如图 4.7 所示，常用条形图、饼图和仪表测量。

正如之前所解释过的，数据仓库和数据集市含有来自整个企业的商务实体的经过归一和验证过的信息。传统的商务智能在离开了数据集市的情况下并不能十分有效地工作，因为数据集市含有商务智能为了汇报用途所需的经过优化的和独立的数据。如果没有数据集市，每当需要运行一个查询，数据就需要通过一个 ETL 过程，从数据仓库中临时提取。这会增加执行查询和产生报表所用的时间和工作。

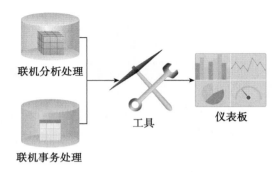

图 4.7　商务智能工具使用联机事务处理和联机分析处理来在仪表板上展示信息

传统商务智能用数据仓库和数据集市来汇报和进行数据分析，因为它们允许带了多重连接及聚合操作的复杂分析查询的实现，如图 4.8 所示。

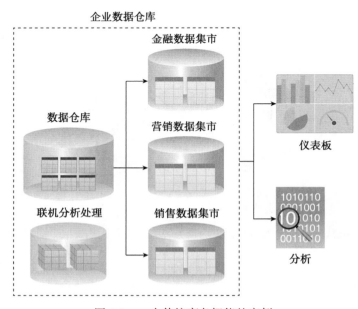

图 4.8　一个传统商务智能的实例

4.7　大数据商务智能

大数据商务智能通过对数据仓库里干净的、统一的、企业范围的数据进行操作，并将之与半结构化和非结构化的数据源结合起来，且基于传统商务智能来构建。它同时包含了预测性分析和规范性分析，来加快对于商务绩效的企业级理解。

在传统的商务智能分析通常着眼于单个的业务流程的时候，大数据商务智能分析已经着眼于同时处理多重业务进程。这更加有助于从一个更宽阔的视角揭露企业内的模式与异常。它同样也会用以前未知的深入的洞察性视角和信息来实现数据挖掘。

大数据商务智能需要对储存在企业数据仓库里的非结构化、半结构化和结构化数据进行分析，而这需要运用新型特征和技术的下一代数据仓库，用以储存来自不同源的统一数据格式的干净数据。当传统的数据仓库遇上这些新型技术，便会产生一个混合数据仓库。这个仓库能够作为结构化、半结构化和非结构化数据的统一的、集中的仓库，同时也能提供大数据商务智能工具所需要的数据。这消除了大数据商业智能工具需要连接多个数据源以检索或者访问数据的需要。在图 4.9 中，下一代数据仓库提供了面向许多数据源的标准化数据访问层。

4.7.1　传统数据可视化

数据可视化是一项能够使用表、图、数据网格、信息图表和警报来将分析结果图形化展示的技术。图形化地表达数据能够使理解汇报、观察趋势和鉴别模式的过程更为简单。

传统的数据可视化在汇报和显示表中所展示的大部分都是静态的图与表，然而当代数据可视化工具可以与用户交互，并且能同时提供总结版与细节版的数据展示。它们被设计出来的使命就是为了使人们在不需要借助电子表格的情况下，更好地理解分析结果。

传统的数据可视化工具从关系型数据库、联机分析处理系统、数据仓库和电子表格中查询数据，以展现描述性和诊断性分析结果。

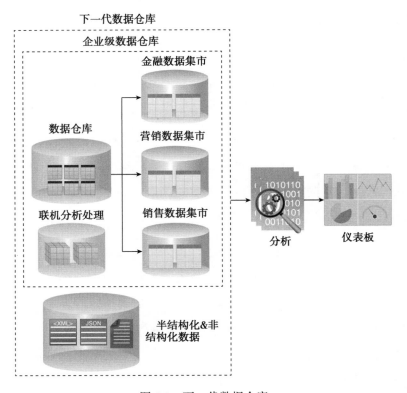

图 4.9　下一代数据仓库

4.7.2　大数据的数据可视化

　　大数据解决方案所需的数据可视化功能要求能够无缝连接结构化、半结构化和非结构化数据源，并且要求能进一步处理成千上万的数据记录。大数据解决方案的数据可视化工具通常使用的内存分析技术能够减少传统的、基于磁盘的数据可视化工具所造成的延迟。

　　大数据解决方案的高级数据可视化工具吸收了预测性和规范性数据分析和数据转换的特征。这些工具终结了需要使用类似于抽取、转换和加载技术的数据预处理方法的需要。这些工具同样提供了直接连接结构化、半结构化和非结构化数据源的能力。作为大数据解决方案的一部分，高级数据可视化工具能够将保存在内存中为了快速访问数据的结构化和非结构化数据相结合。然后查询和统计公式能够作为多种数据分析任务中的一种，用来以一种用户友好的格式（如仪表板）来查看数据。

　　大数据所用的可视化工具的常用特征：

- 聚合——提供基于众多上下文的全局性和总结性数据展示。
- 向下钻取——通过从总结性展示中选取一个数据子集来提供细节性展示。
- 过滤——通过滤去并不是很需要的数据来专注于一部分数据集。
- 上卷——将数据按照多种类别进行分组来展现小计与总计。
- 假设分析——通过动态改变某些相关因素来可视化多个结果。

4.8　案例学习

4.8.1　企业技术

ETI 在几乎每一项商务功能中都使用了联机事务处理技术。它的保险方案报价、保险方案管理、索赔管理、帐单、企业资源计划和顾客关系管理系统等全部都是基于联机事务处理的。一个 ETI 使用联机事务处理的例子：每当有一项新的索赔提交时，会导致索赔管理系统所使用的关系型数据库中的索赔表中有一项新的记录被创建。同样，作为索赔的理赔处理，通过简单的数据库更新操作处理，它的状态从"已提交"改为"已分配"，再从"已分配"改为"处理中"，最终改为"已处理"。

企业数据仓库每周都会通过 ETL 操作来输入数据，这项操作涉及了从操作系统所使用的关系型数据库中提取数据，验证和转换数据，最终将之载入企业数据仓库的数据库中。从操作系统中提取的数据是以平面文件的格式被第一次导入一个临时数据库中的，在那儿它通过一系列脚本的执行后被转换。一项处理用户数据的 ETL 流程涉及一些数据验证规则的应用，其中一条是确认每一位顾客在"姓氏"和"名字"栏中填入了有意义的字符。另外，作为同样的 ETL 流程，"地址"的前两行是合并的。

企业数据仓库包含了一个联机分析处理系统，在那儿数据是以立方体的形式保存的，这种保存形式能够保障多种汇报查询的执行。比如，保险方案立方体是由已卖出保险（事实表）、地点、类型和时间维度（维度表）构成的。分析员对不同的立方体数据进行查询，这是商务智能活动的一部分。基于安全性和快速查询反应考虑，企业数据仓库含有两个数据集市。其中的一个是由索赔和保险方案数据组成的，精算师和法律团队用这些数据进行多项数据分析，包括了风险评估和法规遵从性保证。第二个数据集市含有销售相关的信息，这些信息为销售团队所使用，来对销售状况进行监控并设定未来的销售策略。

86

4.8.2 大数据商务智能

现今 ETI 建立了使用传统商务智能的习惯。被销售团队所使用的一个特定的仪表板通过不同的图表，比如按种类、地区、价值和过期日期来进行分类，以展示众多的保险方案相关的关键绩效指标。不同的仪表板向销售人员展示了他们当今的表现，比如赚取的佣金，以及他们是否能按计划实现每月销售目标。这些仪表板的数据来源都是销售数据集市。

在呼叫中心，一项计分板提供了与当日呼叫中心的操作相关的重要数据，例如还在等待的呼叫数、平均等待时间、挂断电话数以及按种类分的呼叫。这个计分板的数据直接来自客户关系管理的关系型数据库，通过一项商务智能产品来提供一个简单的用户界面以组建各种各样不同的 SQL 查询，而这些查询是周期性地执行的，以获取所需要的关键绩效指标。法律团队和精算师会产生一些类似于电子表格的即席报表。这些报表中的有一些将会被送往法规机构以实现持续的法规遵从性。

ETI 认为大数据商务智能的采用，会对它实现战略目标产生极大的帮助。例如，当社交媒体与呼叫中心工作人员的记录结合起来时，就可能对一名顾客的流失提供一份更为合理的解释。相似地，如果在一项保险方案被购买以及它与索赔数据进行交叉验证时，其所提交的记录中的有价值信息能够被获取，就可以更迅速地确定一个现场索赔的合法性。而这份信息能接下来与类似的索赔相关联以检测欺诈。

当谈到数据可视化时，分析员现今所使用的商务智能工具只能作用于结构化数据。当涉及使用的复杂度和简易性时，大多数的这些工具都能提供只靠鼠标点击便能进行操作的功能，即要么使用向导，要么从图形显示的相关表中手动选择所需的字段以构造数据库查询。然后查询结果能够通过选择相关的图和表来进行展示。仪表板能进行配置以添加过滤、聚合以及向下钻取的选项。例如，当一个用户点击了一份季度销售报表时，可以进入每月销售报表。尽管现今不支持提供假设分析功能的仪表板，但是它的确能够帮助精算师以改变相关风险因子的方式来快速确定不同的风险等级。

第二部分

存储和分析大数据

正如在第一部分所提出的，采用大数据背后的驱动都是业务和技术相关的。在这本书的其余部分，重点从提供了一个大数据及其相关业务影响的高层次理解转移到两个大数据问题的关键概念：存储和分析。

第二部分有以下内容：

❑ 第 5 章探讨了与存储大数据的数据集相关的关键概念。这些概念告诉读者大数据存储如何拥有与普遍用于传统的商业信息系统的关系型数据库技术截然不同的特征。

❑ 第 6 章介绍了大数据的数据集如何通过分布式和并行方式进行处理。并通过，MapReduce 框架的典型案例进一步进行说明，这个框架展示了如何利用"分治"方法有效率地处理大数据集。

❑ 第 7 章扩展存储主题，展示了第 5 章的概念是如何通过不同的 NoSQL 数据库技术实现的。从磁盘和内存的存储选择的角度，进一步探讨批处理和实时处理模式的要求。

❑ 第 8 章介绍一系列的大数据分析技术。大数据的分析利用统计方法进行定量和定性分析，而计算方法用于数据挖掘和机器学习。

第二部分所涵盖的技术概念，对商业和技术领导者以及需要评估所在企业大数据采用的商业案例决策者来说，都是非常重要的。

第 5 章

大数据存储的概念

从外部来源获得的数据通常不是可以直接处理的格式或结构。为了克服这些不兼容性以及为数据存储和处理进行准备，数据清理是必要的。数据清理包括过滤、净化和为下游分析准备数据的步骤。从存储的角度来看，一个数据的副本首先存储为其获得的格式，并且清理之后，准备好的数据需要被再次存储。通常，以下情况发生时需要存储数据：

❑ 获得外部数据集，或者内部数据将用于大数据环境中。

❑ 数据被操纵以适合用于数据分析。

❑ 通过一个 ETL 活动处理数据，或分析操作产生的输出结果。

由于需要存储大数据的数据集，通常有多个副本，使用创新的存储策略和技术，以实现具有成本效益和高度可扩展的存储解决方案。为了理解底层机制背后的大数据存储技术，在本章中介绍了下列主题：

❑ 集群

❑ 文件系统和分布式文件系统

❑ NoSQL

❑ 分片

❑ 复制

❑ CAP 定理

❑ ACID

❑ BASE

5.1 集群

在计算中，一个集群是紧密耦合的一些服务器或节点。这些服务器通常有相同的硬件规格并且通过网络连接在一起作为一个工作单元，如图 5.1 所示。集群中的每个节点都有自己的专用资源，如内存、处理器和硬盘。通过把任务分割成小块并且将它们分发到属于统一集群的不同计算机上执行的方法，集群可以去执行一个任务。

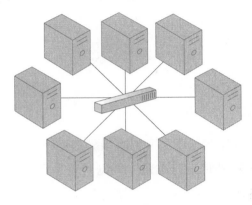

图 5.1 集群符号

5.2 文件系统和分布式文件系统

一个文件系统便是在一个存储设备上存储和组织数据的方法，这个存储设备可以是闪存、DVD 和硬盘。一个文件是一个存储的原子单位，被文件系统用来存储数据。一个文件系统提供了一个存储在存储设备上的数据逻辑视图，并以树结构的形式展示了目录和文件，如图 5.2 所示。操作系统采用文件系统为应用程序来存储和检索数据。每个操作系统支持一个或多个文件系统，例如 Microsoft Windows 上的 NTFS 和 Linux 上的 ext。

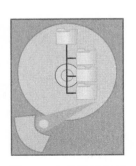

图 5.2 文件系统符号

一个分布式文件系统作为一个文件系统可以存储分布在集群的节点上的大文件，如图 5.3 所示。对于客户端来说，文件似乎在本地上；然而，这只是一个逻辑视图，在物理形式上文件分布于整个集群。这个本地视图展示了通过分布式文件系统存储并且使文件可以从多个位置获得访问。例如 Google 文件系统（GFS）和 Hadoop 分布式文件系统（HDFS）。

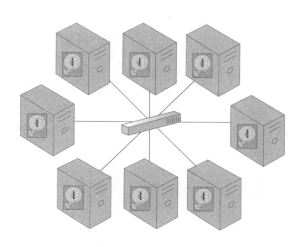

图 5.3　分布式文件系统符号

5.3　NoSQL

一个 Not-only SQL（NoSQL）数据库是一个非关系型数据库，具有高度的可扩展性、容错性，并且专门设计用来存储半结构化和非结构化数据。NoSQL 数据库通常会提供一个能被应用程序调用的基于 API 的查询接口。NoSQL 数据库也支持结构化查询语言（SQL）以外的查询语言，因为 SQL 是为了查询存储在关系型数据库中的结构化数据而设计的。例如，优化一个 NoSQL 数据库用来存储 XML 文件通常会使用 XQuery 作为查询语言。同样，设计一个 NoSQL 数据库用来存储 RDF 数据将使用 SPARQL 来查询它包含的关系。话虽这么说，还是有一些 NoSQL 数据库提供类似于 SQL 的查询界面，如图 5.4 所示。

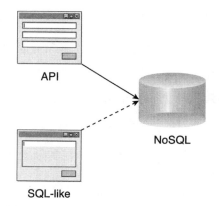

图 5.4　NoSQL 数据库可以提供一个类似于 API 或 SQL-like 的查询接口

5.4 分片

分片是水平地将一个大的数据集划分成较小的、更易于管理的数据集的过程，这些数据集叫做碎片。碎片分布在多个节点上，而节点是一个服务器或是一台机器（如图 5.5 所示）。每个碎片存储在一个单独的节点上，每个节点只负责存储在该节点上的数据。所有碎片都是同样的模式，所有碎片集合起来代表完整的数据集。

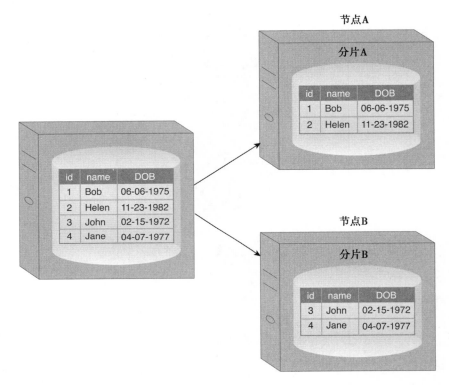

图 5.5 一个分片的例子，一个分布在节点 A 和节点 B 上的数据集，分别导致分片 A 和分片 B

分片对客户端来说通常是透明的，但这并不作为一个要求。分片允许处理负荷分布在多个节点上以实现水平可伸缩性。水平扩展是一个通过在现有资源旁边添加类似或更高容量资源来提高系统的容量的方法。由于每个节点只负责整个数据集的一部分，读/写消耗的时间大大提高了。

95

图 5.6 演示了一个在实际工作中如何分片的例子：

1）每个碎片都可以独立地为它负责的特定的数据子集提供读取和写入服务；

2）根据查询，数据可能需要从两个碎片中获取。

分片的一个好处是它提供了部分容忍失败的能力。在节点故障的情况下，只有存储在该节点上的数据会受到影响。

　　对于数据分片，需要考虑查询模式以便碎片本身不会成为性能瓶颈。例如，需要查询来自多个碎片的数据，这将导致性能损失。数据本地化将经常被访问的数据共存于一个单一碎片上，这有助于解决这样的性能问题。

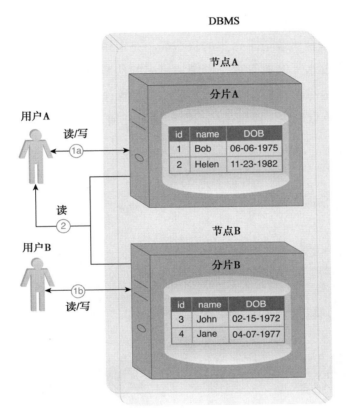

图 5.6　一个分片的例子，数据是从节点 A 和节点 B 共同获取的

96

5.5　复制

　　复制在多个节点上存储数据集的多个拷贝，被叫做副本（如图 5.7 所示）。复制因为相同的数据在不同的节点上复制的原因提供了可伸缩性和可用性。数据容错也可以通过数据冗余来实现，数据冗余确保单个节点失败时数据不会丢失。有以下两种不同的方法用于实现复制：

　　❑　主从式复制
　　❑　对等式复制

5.5.1 主从式复制

在主从式复制中，节点被安排在一个主从配置中，所有数据都被写入主节点中。一旦保存，数据就被复制到多个从节点。包括插入、更新和删除在内的所有外部写请求都发生在主节点上，而读请求可以由任何从节点完成。在图5.8中，写操作是由主节点完成的，数据可以从从节点A或者从节点B中的任意一个节点读取。

主从式复制适合于读请求密集的负载而不是写请求密集的负载，因为不断增长的读需求可以通过水平缩放管理，以增加更多的从节点。写请求是一致的，这是因为所有写操作都由主节点协调。言下之意是，写操作性能会随着写请求数量的增加而降低。如果主节点失败，读请求仍然可能通过任何从节点来完成。

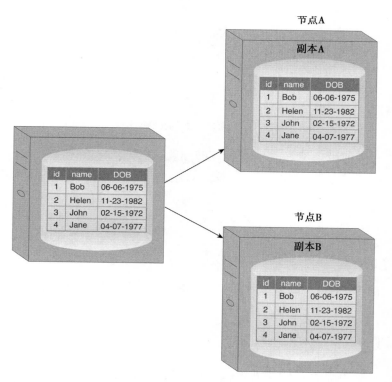

图5.7　复制的一个例子，一个数据集被复制到节点A和节点B，导致副本A和副本B

一个从节点可以作为备份节点配置主节点。如果主节点失败，直到主节点恢复为止将不能进行写操作。主节点要么是从主节点的一个备份恢复，要么是在从节点中选择一个新的主节点。

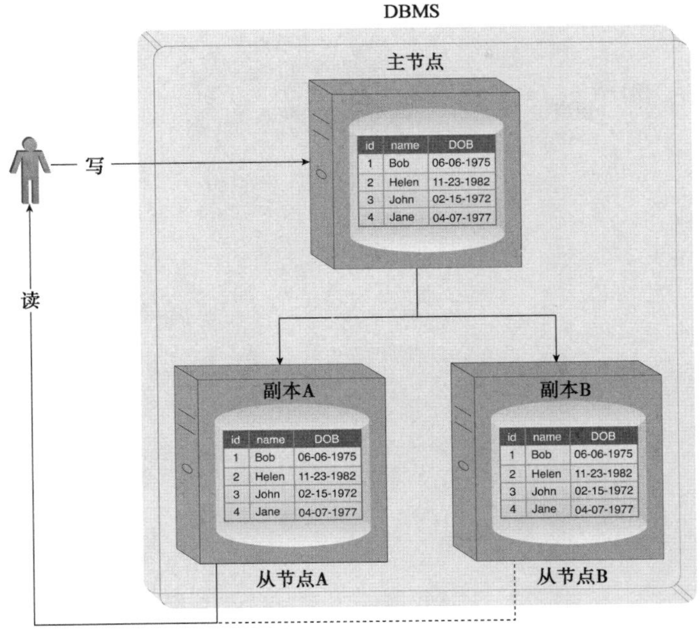

图 5.8　主从式复制的例子，单一的主节点 A 为所有写请求提供服务，数据可以从从节点 A 或从节点 B 中读取

关于主从式复制的一个令人担忧的问题是读不一致问题，如果一个从节点在被更新到主节点之前被读取，便产生这样的问题。为了确保读一致性，实现了一个投票系统，若是大多数从节点都包含相同版本的记录则可以声明一个读操作是一致性的。实现这样一个投票系统需要从节点之间的一个可靠且快速的沟通机制。

图 5.9 展示了一个读不一致场景。

1）用户 A 更新数据；

2）数据从主节点复制到从节点 A；

3）在数据复制到从节点 B 之前，用户 B 试图在从节点 B 读取数据，从而导致不一致的读操作；

4）当数据从主节点复制到从节点 B 之后，数据最终成为一致的。

5.5.2　对等式复制

使用对等式复制，所有节点在同一水平上运作。换句话说，各个节点之间没有主从节点的关系。每个称为对等的节点也同样能够处理读请求和写请求。每个写操作复制到所有的对等节点中去，如图 5.10 所示。

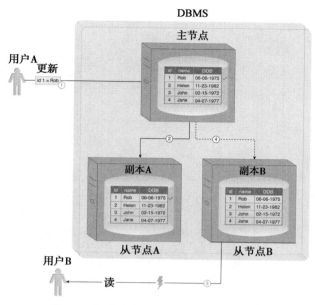

图 5.9 主从式复制中一个读不一致例子

对等式复制容易造成写不一致，写不一致发生在同时更新同一数据的多个对等节点的时候。这可以通过实现一个悲观或乐观并发策略来解决这个问题。

❑ 悲观并发是一种防止不一致的有前瞻性的策略。它使用锁来确保在一个记录上同一个时间只有一个更新操作可能发生。然而，这种方法的可用性较差，因为正在被更新的数据库记录一直是不可用的，直到所有锁被释放。

❑ 乐观并发是一个被动的策略，它不使用锁。相反，它允许不一致性在所有更新都被实现后最终可以获得一致性这样的前提下发生。

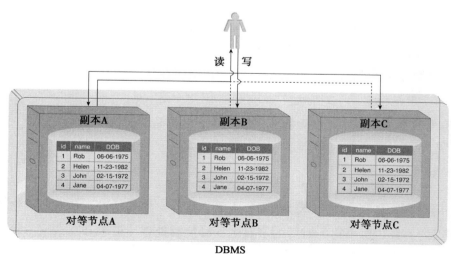

图 5.10 写操作同时复制到对等节点 A、B 和 C。可以从对等节点 A 读取数据，但也可以从对等节点 B 或 C 读取

对于乐观并发，对等节点在达到一致性之前可能会保持一段时间的不一致性。然而，因为没有涉及任何锁定，数据库仍然是可以访问的。像是主从式复制一样，当一些对等节点已经完成了它们的更新而其他节点正在执行更新的时间期间内，读操作可以是不一致的。然而，当所有的对等节点的更新操作已经被执行后，读操作最终成为一致的。

101

可以实现一个投票系统来确保读操作一致性，在投票系统中，如果绝大多数的对等节点都包含相同版本的记录，则声明一个读操作是一致的。正如前面所指出的，实现这样一个投票系统需要一个可靠且快速的对等节点之间的通信机制。

图 5.11 演示了读操作不一致情况出现的场景。

1）用户 A 更新数据；

2）a. 数据被复制到对等节点 A；

　　b. 数据被复制到对等节点 B；

3）在数据被复制到对等节点 C 之前，用户 B 试图从对等节点 C 读取数据，这导致不一致的读操作；

4）最终数据将被更新到对等节点 C 中，并且数据库将再次获得一致性。

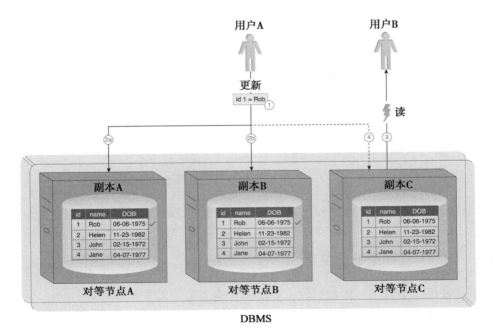

图 5.11　一个对等式复制的示例，其中发生了不一致的读操作

102

5.6　分片和复制

为了改善分片机制所提供的有限的容错能力，而另外受益于增加的复制的可用性和可伸缩性，分片和复制可以组合使用，如图 5.12 所示。

本节将介绍以下组合方式：

❑ 分片和主从式复制
❑ 分片和对等式复制

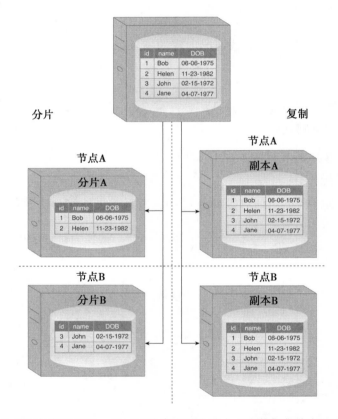

　　　　图 5.12　分片和复制的比较，显示了分布在两个节点上的数据集分布的不同的方法

5.6.1　结合分片和主从式复制

当分片机制结合主从式复制时，多个碎片成为一个主节点的从节点，并且主节点本身是一个碎片。尽管这将导致有多个主节点，但一个从节点碎片只能由一个主节点碎片管理。

由主节点碎片来维护写操作的一致性。然而，如果主节点碎片变为不可操作的或是出现了网络故障，与写操作相关的容错能力将会受到影响。碎片的副本保存在多个从节点中，为读操作提供可扩展性和容错性。

在图 5.13 中：

❑ 每个节点都同时作为主节点和不同碎片的从节点。
❑ 碎片 A 上的写操作（id=2）是由节点 A 管理的，因为它是碎片 A 的主节点。
❑ 节点 A 将数据（id=2）复制到节点 B 中，这是碎片 A 的一个从节点。
❑ 读操作（id=4）可以直接由节点 B 或节点 C 提供服务，因为每个节点都包含了碎片 B。

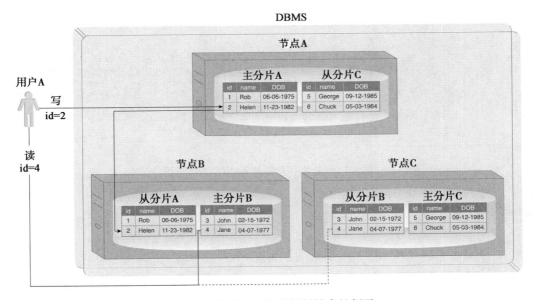

图 5.13 分片和主从式复制结合的例子

104

5.6.2 结合分片和对等式复制

当分片结合对等式复制时，每个碎片被复制到多个对等节点，每个对等节点仅仅只负责整个数据集的子集。总的来说，这有助于实现更高的可扩展性和容错性。由于这里没有涉及主节点，所以不存在单点故障，并且支持读操作和写操作的容错性。

在图 5.14 中：

❑ 每个节点包含两个不同碎片的副本。

❑ 写操作（id=3）同时复制到节点 A 和节点 C（对等节点）中，它们负责碎片 C。

❑ 读操作（id=6）可以由节点 B 或节点 C 中任何一个提供服务，因为它们每个
都包含碎片 B。

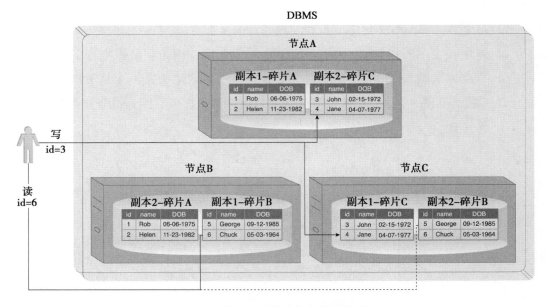

图 5.14   分片和对等式复制结合的例子

105

5.7   CAP 定理

一致性（Consistency）、可用性（Availability）和分区容忍（Partition tolerance）
（CAP）定理，也称为布鲁尔定理，表达与分布式数据库系统相关的三重约束。它
指出一个在集群上运行的分布式数据库系统，只能提供以下的三个属性中的两个
属性：

❑ 一致性——从任何节点的读操作会导致相同的数据跨越多个节点（如
图 5.15）。

❑ 可用性——任何一个读 / 写请求总是会以成功或是失败的形式得到响应（如
图 5.16）。

❑ 分区容忍——数据库系统可以容忍通信中断，通过将集群分成多个竖井，仍
然可以对读 / 写请求提供服务（如图 5.16）。

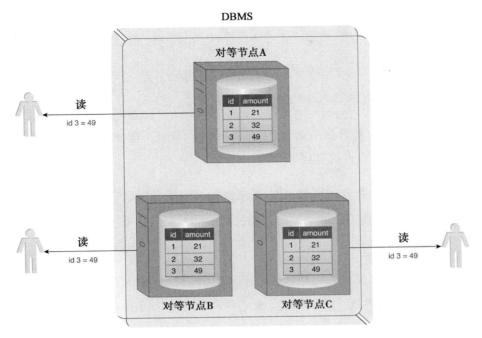

图 5.15　一致性：虽然有三个不同的节点来存储记录，所有三个用户得到相同的 amount 列的值　106

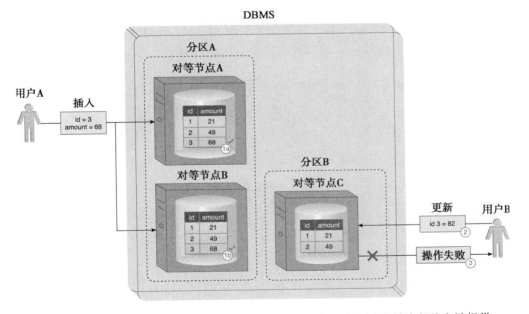

图 5.16　可用性和分区容忍：在发生通信故障时，来自两个用户的请求仍然会被提供
　　　　服务（1，2）。然而，对于用户 B 来说，因为 id=3 的记录没有被复制到对等
　　　　节点 C 中而造成更新失败。用户被正式通知（3）更新失败了

下面场景展示了为什么 CAP 定理的三个属性只有两个可以同时支持。为了帮助

这个讨论，图 5.17 提供了一个维恩图解显示了一致性、可用性和分区容忍所重叠的区域。

如果一致性（C）和可用性（A）是必需的，可用节点之间需要进行沟通以确保一致性（C）。因此，分区容忍（P）是不可能达到的。

如果一致性（C）和分区容忍（P）是需要的，节点不能保持可用性（A），因为为了实现一致性（C）节点将变得不可用。

如果可用性（A）和分区容忍（P）是必需的，因为考虑到节点之间的数据通信需要，那么一致性（C）是不可能达到的。因此，数据库仍然是可用的（A），但是结果数据库是不一致的。

在分布式数据库系统中，可伸缩性和容错能力可以通过额外的节点来提高，虽然这对一致性（C）造成了挑战。添加的节点也会导致可用性（A）降低，因为节点之间增加的通信将造成延迟。

分布式数据库系统不能保证 100% 分区容忍（P）。虽然沟通中断是非常罕见的和暂时的，分区容忍（P）必须始终被分布式数据库支持；因此，CAP 通常是 C+P 或者 A+P 之间的一个选择。系统的需求将决定怎样选择。

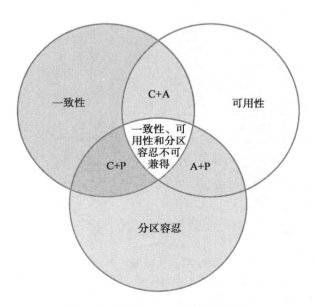

图 5.17 总结 CAP 定理的维恩图

5.8 ACID

ACID 是一个数据库设计原则与事务管理。这是一个缩写词，代表了：

- ❑ 原子性（Atomicity）
- ❑ 一致性（Consistency）
- ❑ 隔离（Isolation）
- ❑ 持久性（Durability）

|108|

ACID 是一个事务管理的形式，它利用悲观并发控制来确保通过记录锁的方式维护应用程序的一致性。ACID 是数据库事务管理的传统方法，因为它是基于关系型数据库管理系统的。

原子性确保所有操作总是完全成功或彻底失败。换句话说，这里没有部分事务。

以下步骤如图 5.18 所示：

1）用户试图更新三条记录作为一个事务的一部分；
2）在两个记录成功更新之前发生了一个错误；
3）因此，数据库可以回滚任何部分事务的操作，并且能使系统回到之前的状态。

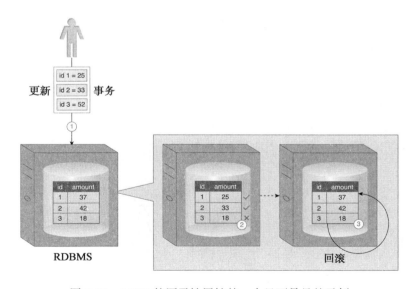

图 5.18　ACID 的原子性属性的一个显而易见的示例

|109|

一致性保证数据库总是保持在一致的状态，这是通过确保数据只有符合数据库的约束模式才可以被写入数据库。因此，处于一致状态的数据库进行一个成功的交易后仍将

处于一致状态。

在图 5.19 中：

1）一个用户试图用 varchar 类型的值去更新表的 amount 列，这一列应该是浮点类型的值；

2）数据库应用本身的验证检查并拒绝此更新，因为插入的值违反了 amount 列的约束检查。

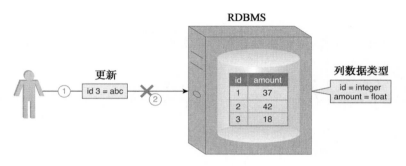

图 5.19　ACID 的一致性的一个例子

隔离机制确保事务的结果对其他操作而言是不可见的，直到本事务完成为止。

在图 5.20 中：

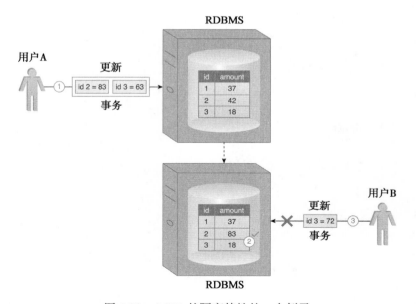

图 5.20　ACID 的隔离特性的一个例子

1）用户尝试更新两个记录作为事务的一部分；

2）数据库成功更新第一个记录；

3）然而，在能更新第二记录之前，用户 B 尝试去更新同一个记录。数据库不会允许用户 B 进行更新，直到用户 A 更新完全成功或完全失败。这是因为拥有 id3 的记录是由数据库锁定的，直到事务完成为止。

持久性确保一个操作的结果是永久性的。换句话说，一旦事务已经被提交，则不能进行回滚。这是跟任何系统故障都无关的。

在图 5.21 中：

1）一个用户更新一条记录，作为事务的一部分；

2）数据库成功更新这条记录；

3）就在这次更新之后出现一个电源故障。虽然没有电源，然而数据库维护其状态；

4）电力已恢复了；

5）当用户请求这个记录时，数据库按这条记录的最后一次更新去提供服务。

110
～
111

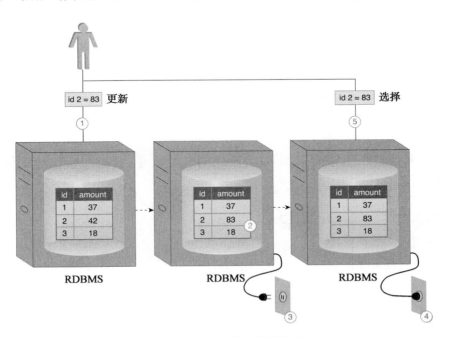

图 5.21　ACID 的持久性特点

图 5.22 显示了 ACID 原理的应用结果：

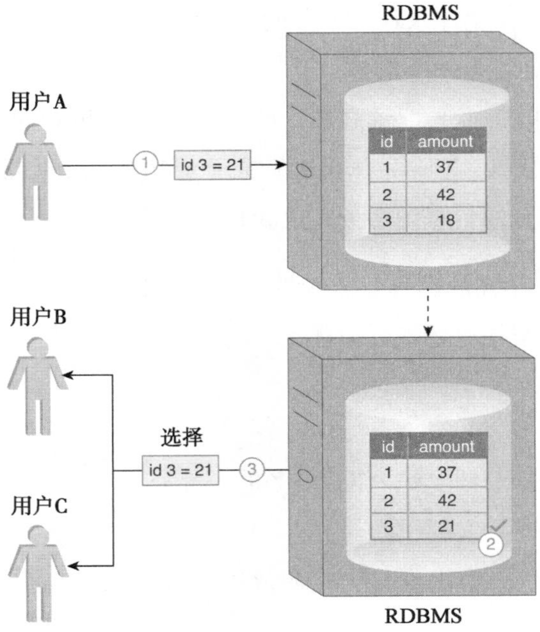

图 5.22 ACID 原则导致一致的数据库行为

1）用户尝试更新记录，作为事务的一部分；

2）数据库验证更新的值并且成功地进行更新；

3）当事务成功地完全完成后，当用户 B 和 C 请求相同的记录时，数据库为两个用户提供更新后的值。

5.9 BASE

BASE 是一个根据 CAP 定理而来的数据库设计原则，它采用了使用分布式技术的数据库系统。BASE 代表：

- ❑ 基本可用（Basically Available）
- ❑ 软状态（Soft State）
- ❑ 最终一致性（Eventual Consistency）

当一个数据库支持 BASE 时，它支持可用性超过一致性。换句话说，从 CAP 原理的角度来看数据库采用 A+P 模式。从本质上说，BASE 通过放宽被 ACID 特性规定的强一致性约束来使用乐观并发。

如果数据库是"基本可用"的，该数据库将始终响应客户的请求，无论是通过返回请求数据的方式，或是发送一个成功或失败的通知。

在图 5.23 中，数据库是基本可用的，尽管因为网络故障的原因它被划分开。

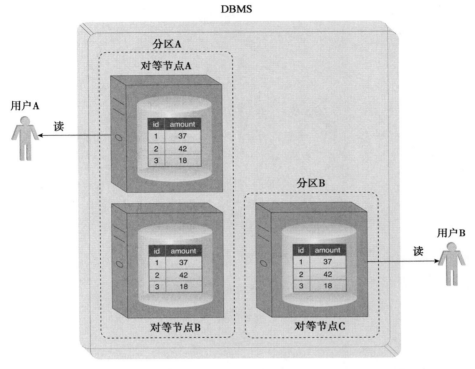

图 5.23　用户 A 和用户 B 接收到数据，尽管数据库因为一个网络故障被分区

软状态意味着一个数据库当读取数据时可能会处于不一致的状态；因此，当相同的数据再次被请求时结果可能会改变。这是因为数据可能因为一致性而被更新，即使两次读操作之间没有用户写入数据到数据库。这个特性与最终一致性密切相关。

114

在图 5.24 中：

1）用户 A 更新一条记录到对等节点 A；

2）在其他对等节点更新之前，用户 B 从对等节点 C 请求相同的记录；

3）数据库现在处于一个软状态，且返回给用户 B 的是陈旧的数据。

不同的客户读取时的状态是最终一致性的状态，紧跟着一个写操作写入到数据库之后，可能不会返回一致的结果。数据库只有当更新变化传播到所有的节点后才能达到一致性。当数据库在达到最终一致的状态的过程中，它将处于一个软状态。

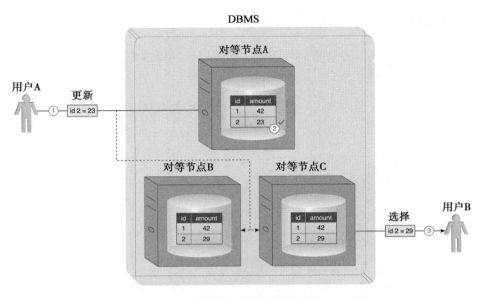

图 5.24 在此显示 BASE 的软状态属性的一个示例

在图 5.25 中:

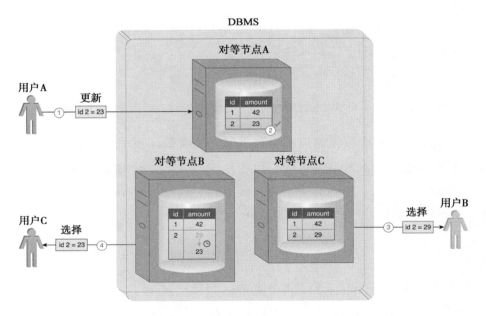

图 5.25 BASE 的最终一致性属性的一个示例

1)用户 A 更新一条记录;

2)记录只在对等节点 A 中被更新,但在其他对等节点被更新之前,用户 B 请求相同的记录;

3）数据库现在处于一个软状态。返回给用户 B 的是从对等节点 C 处获得的陈旧的数据；

4）然而，数据库最终达到一致性，用户 C 得到的是正确的值。

BASE 更多地强调可用性而非一致性，这点与 ACID 不同。由于有记录锁，ACID 需要牺牲可用性来确保一致性。虽然这种针对一致性的软措施不能保证服务的一致性，但 BASE 的兼容数据库可以服务多个客户端而不会产生时间上的延迟。然而，BASE 的兼容数据库对事务性系统用处不大，因为事务性系统关注一致性的问题。

116

5.10　案例学习

目前 ETI 企业的 IT 环境利用 Linux 和 Windows 操作系统。因此，ext 文件系统和 NTFS 文件系统都在被使用。网络服务器和一些应用服务器使用 ext 文件系统，而其他的应用服务器、数据库服务器和终端用户的电脑都被配置为使用 NTFS 文件系统。配置为 RAID5 的网络附加存储（NAS）也用于容错文档的存储。虽然 IT 团队熟悉文件系统，但集群的概念、分布式文件系统和 NoSQL 对团队来说是新颖的。然而，通过与受过培训的团队成员讨论之后，整个团队能够理解这些概念和技术。

目前，ETI 企业的 IT 设计完全由采用 ACID 数据库设计原则的关系型数据库构成。IT 团队对 BASE 原理没有多少理解并且难以理解 CAP 定理。一些团队成员对于大数据集存储的必要性和这些概念的重要性也不确定。看到这些，受过 IT 训练的员工试图解答他们的团队成员的困惑，解释这些概念仅适用于在分布式新颖的集群上存储大量数据。对于存储非常大量的数据，由于集群通过横向扩展支持线性扩展的能力，它已经成为显而易见的选择。

由于集群是由节点通过一个网络连接而组成的，通信故障导致的"筒仓"（近邻的相互隔绝）或是集群的分区都是不可避免的。为了解决分区问题，提出并介绍了 BASE 原理和 CAP 定理。它们进一步解释说，任何遵循 BASE 原理的数据库都会更加积极地响应客户，尽管与遵循 ACID 原则的数据库相比，被读取的数据可能是不一致的。理解了 BASE 原理后，IT 团队更容易理解为什么一个通过集群实现的数据库需要在一致性和可用性之间做出选择。

虽然现存的关系型数据库不使用分片机制，但几乎所有的关系型数据库被复制用于灾难恢复和业务报告。为了更好地理解分片和复制的概念，IT 团队经过一个如何将这些概念应用于保险报价数据的练习，大量的报价数据被快速地创建和访问。对于分片机制，这个团队认为，将保险报价的使用类型（保险行业——健康、建筑、海洋和航空）作为切分的标准，将创建跨越多个节点的一套平衡数据，因为查询操作大多是在相同的保险部门内执行的，且部门相互间的查询是罕见的。对于复制方面来说，该团队倾向于选择一个支持 NoSQL 的数据库，该数据库实现对等式复制策略。他们的决策原因是，保险报价被频繁地创建和检索，但很少被更新。因此得到一个不一致的记录的可能性很低。考虑到这一点，该团队通过选择对等式复制使得支持读 / 写性能超过一致性。

117
~
118

第 6 章

大数据处理的概念

大数据处理如今早已不是新颖的话题。在考虑数据仓库与其相关数据市场的关系时，把庞大的数据集分成多个较小的数据集来处理可以加快大数据处理的速度。现今人们已经把存储在分布式文件系统、分布式数据库上的大数据集分成较小的数据集了。要理解大数据处理，关键要意识到处理大数据与在传统关系型数据库中处理数据是不同的，大数据通常以分布式的方式在其各自存储的位置进行并行处理。

许多大数据处理采用批处理模式，而针对以一定速度按时间顺序到达的流式数据，现今已经有了相关的分析方法，例如，利用内存架构，意义构建理论可以提供态势感知。流式大数据的处理应遵循一项重要的原则，即 SCV 原则，S 代表 Speed（速度），C 代表 Consistency（一致性），V 代表 Volume（容量），这项原则在本章将会做详细介绍。

为了深入地理解大数据处理，首先我们对以下几个概念做简单介绍：

❑ 并行数据处理
❑ 分布式数据处理
❑ Hadoop
❑ 处理工作量
❑ 集群

6.1 并行数据处理

并行数据处理就是把一个规模较大的任务分成多个子任务同时进行，目的是减少处理的时间。

虽然并行数据处理能够在多个网络机器上进行，但目前来说更为典型的方式是在一台机器上使用多个处理器或内核来完成，如图6.1所示。

[120]

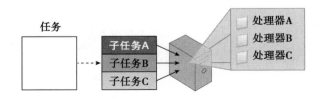

图6.1 一个任务被分成三个子任务，在同一台机器的不同处理器上并行进行

6.2 分布式数据处理

分布式数据处理与并行数据处理非常相似，二者都利用了"分治"的原理。与并行数据处理不同的是，分布式数据处理通常在几个物理上分离的机器上进行，这些机器通过网络连接构成一个集群。如图6.2所示，一个任务同样被分为三个子任务，但是这些子任务在三个不同的机器上进行，这三个机器连接到一个交换机。

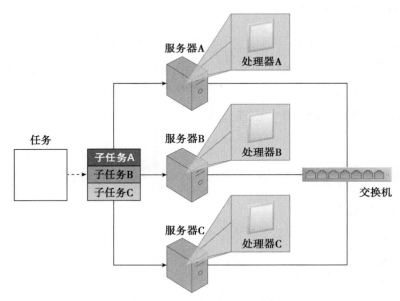

[121]

图6.2 分布式数据处理举例

6.3 Hadoop

Hadoop是一个能够与当前商用硬件兼容，用于存储与分析海量数据的开源软件

框架，事实上，它被公认为当代大数据解决方案的工业平台。Hadoop 可以作为 ETL 引擎与分析引擎来处理大量的结构化、半结构化与非结构化数据。从分析的角度来看，Hadoop 实现了 MapReduce 处理框架，图 6.3 描述了 Hadoop 的某些特征。

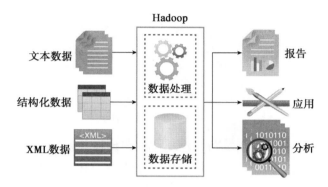

图 6.3　Hadoop 是一个多功能的系统架构，它可以提供数据存储与处理功能

6.4　处理工作量

大数据的处理工作量被定义为一定时间内处理数据的性质与数量。处理工作量主要被分为以下两种类型：

❑ 批处理型
❑ 事务型

122

6.4.1　批处理型

批处理也称为脱机处理，这种方式通常成批地处理数据，因而会导致较大的延迟。通常我们采用批处理完成大数据有序的读 / 写操作，这些读 / 写查询通常是成批的。

这种情形下的查询一般涉及多种连接，非常复杂。联机分析处理（OLAP）系统通常采用批处理模式处理数据。商务智能与分析需要对大量的数据进行读操作，因而一般使用批处理模式。如图 6.4 所示，批处理型的工作量包括大量数据的成批读 / 写操作，并且会涉及多种连接，从而导致较大的延迟。

6.4.2　事务型

事务型处理也称为在线处理，这种处理方式通过无延迟的交互式处理使得整个回应延迟很小。事务型处理一般适用于少量数据的随机读 / 写操作。

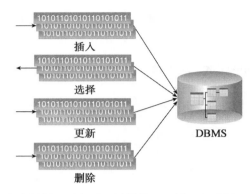

图 6.4　批处理方式批量地进行读 / 写操作，以插入、选择、更新与删除数据

联机事务处理（OLTP）系统与操作系统的写操作比较密集，是典型的事务型处理系统，尽管它们通常读操作与写操作混杂着进行，但写操作相对读操作还是密集许多的。

事务型处理适用于仅含少量连接的随机读 / 写需求，企业的事务处理对实时性要求较高，因此一般采用回应延迟小、数据量小的事务型处理方式，如图 6.5 所示。

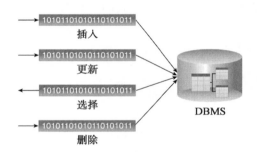

图 6.5　相比于批处理型，事务型处理含有少量的连接操作，回应延迟也更小

6.5　集群

集群能为水平可扩展的存储解决方案提供必要的支持，也能为分布式数据处理提供一种线性扩展的机制。集群有极高的可扩展性，因而它可以把大的数据集分成多个更小的数据集以分布式的方式并行处理，这种特性为大数据处理提供了理想的环境（如图 6.6 所示）。大数据数据集在使用集群时，可以以批处理模式处理数据，也可以采用实时模式。理想情况下，集群由许多低成本的商业节点构成，这些节点合力提供强大的处理能力。

由于集群由物理连接上相互独立的设备组成，它具有固定的冗余与一定的容错性，因而当网络中某个节点发生错误时，它之前处理与分析的结果都是可恢复的。考虑到大数据处理过程偶尔有些不稳定，我们通常采用云主机基础设施服务或现成的分析环境作为集群的主干。

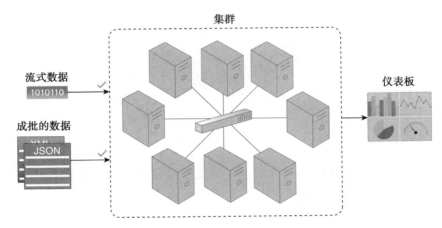

图 6.6　集群可以用于批处理成批的数据以及实时处理流式数据

6.6　批处理模式

在批处理模式中，数据总是成批地脱机处理，响应时长从几分钟到几小时不等。在这种情况下，数据被处理前必须在磁盘上保存。批处理模式适用于庞大的数据集，无论这个数据集是单个的还是由几个数据集组合而成的，该模式可以本质上解决大数据数据量大和数据特性不同的问题。

批处理是大数据处理的主要方式，相较于实时模式，它比较简单，易于建立，开销也比较小。像商务智能、预测性分析与规范性分析、ETL 操作，一般都采用批处理模式。

6.6.1　MapReduce 批处理

MapReduce 是一种广泛用于实现批处理的架构，它采用"分治"的原则，把一个大的问题分成可以被分别解决的小问题的集合，拥有内部容错性与冗余，因而具有很高的可扩展性与可靠性。MapReduce 结合了分布式数据处理与并行数据处理的原理，并且使用商业硬件集群并行处理庞大的数据集，是一个基于批处理模式的数据处理引擎（如图 6.7 所示）。

图 6.7 处理引擎符号

MapReduce 不对数据的模式作要求，因此它可以用于处理无模式的数据集。在 MapReduce 中，一个庞大的数据集被分为多个较小的数据集，分别在独立的设备上并行处理，最后再把每个处理结果相结合得出最终结果。MapReduce 是 2000 年年初谷歌的一项研究课题发表的，它不需要低延迟，因此一般仅支持批处理模式。

MapReduce 处理引擎与传统的数据处理模式的工作机制有些不同。在传统的数据处理模式中，数据由存储节点发送到处理节点后才能被处理，这种方式在数据集较小的时候表现良好，但是数据集较大时发送数据将导致更大的开销。

而 MapReduce 是把数据处理算法发送到各个存储节点，数据在这些节点上被并行地处理，这种方式可以消除发送数据的时间开销。由于并行处理小规模数据速度更快，MapReduce 不但可以节约网络带宽的开销，更能大量节约处理大规模数据的时间开销。

6.6.2　Map 和 Reduce 任务

一次 MapReduce 处理引擎的运行被称为 MapReduce 作业，它由映射（Map）和归约（Reduce）两部分任务组成，这两部分任务又被分为多个阶段。其中映射任务被分为映射（map）、合并（combine）和分区（partition）三个阶段，合并阶段是可选的；归约任务被分为洗牌和排序（shuffle and sort）与归约（reduce）两个阶段。

1. 映射

MapReduce 的第一个阶段称为映射。映射阶段首先把大的数据文件分割成多个小数据文件。每个较小的数据文件的每条记录都被解析为一组键 – 值对，通常键表示其对应记录的序号，值则表示该记录的实际值。

通常每个小数据文件由多组键 – 值对组成，这些键 – 值对将会作为输入由一个映射模块处理，映射阶段的逻辑由用户决定，其中一个映射模块仅处理一个小数据文件，且仅执行一次。

每组键 – 值对将会按用户自定义逻辑被映射为一组新的键 – 值对作为输出。输出的键可以与输入的键相同，可以是由输入值得出的一组字符串，还可以是用户自定义的有序对象。同样，输出的值也可与输入值相同，可以是由输入值得到的一组字符串，还可以是用户自定义的有序对象。

在这些输出的键 – 值对中，可以存在多组键 – 值对的键相同的情况。另外要注意一点，在映射过程中会发生过滤与复用。过滤是指对于一个输入的键 – 值对，映射可能不会产生任何输出键 – 值对；而复用是指某组输入键 – 值对对应多组输出键 – 值对。

映射阶段的数据变化如图 6.8 所示，映射阶段可以用图 6.9 概括。

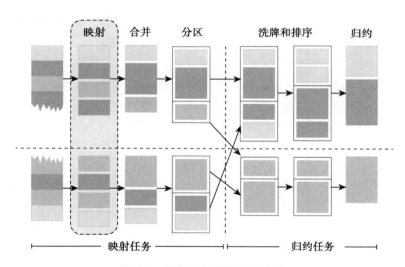

图 6.8　数据在映射阶段的变化

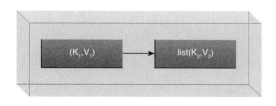

图 6.9　映射阶段概括

2. 合并

在 MapReduce 模型中，映射任务与归约任务分别在不同的节点上进行，而映射模块的输出需要被送到归约模块处理，这就要求把数据由映射任务节点传输到归约任务节点，这个过程往往会消耗大量的带宽，并直接导致处理延时。因此就要对大量的键–值对进行合并，以减少这些消耗。

在大数据处理中，节点传输过程所花费的时间往往大于真正处理数据的时间。MapReduce 模型提出了一个可选的合并模块。在映射模块把多组键–值对输入合并模块之前，已经将这些键–值对按键进行排序，将对应同一键的多条记录变为一个键对应一组值，合并模块则将每个键对应的值组进行合并，最终输出仅为一条键–值对记录。图 6.10 描述了数据由映射阶段到合并阶段的变化。合并阶段可以用图 6.11 概括。

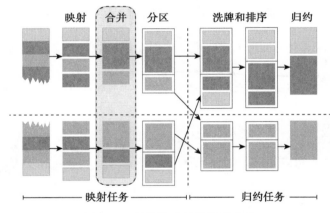

图 6.10　数据在合并阶段的变化

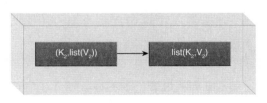

图 6.11　合并阶段概括

由此可见，合并模块本质上还是一种归约模块，另外，归约模块还可被作为用户自定义模块使用。最后值得一提的是，合并模块仅仅是一个可选的优化模块，在 MapReduce 模型中不是必备的。比如运用合并模块我们可以得出最大值或最小值，但无法得出所有数据的平均值，毕竟合并模块的数据仅仅是所有数据的一个子集。

3. 分区

在分区阶段，当使用多个归约模块时，MapReduce 模型就需要把映射模块或合并模块（如果该 MapReduce 引擎指明调用合并功能）的输出分配给各个归约模块。在此我们把分配到每个归约模块的数据叫做一个分区，也就是说，分区数与归约模块数是相等的。图 6.12 描述了数据在分区阶段的变化。

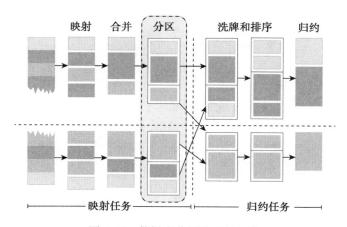

图 6.12　数据在分区阶段的变化

尽管一个分区包含很多条记录，但是对应同一键的记录必须被分在同一个分区，在此基础上，MapReduce 模型会尽量保证随机公平地把数据分配到各个归约模块当中。　129

由于上述分区模块的特性，会导致分配到各个归约模块的数据量有差异，甚至分配给某个归约模块的数据量会远远超过其他的。不均等的工作量将造成各个归约模块工作结束时间不同，这样最后总共消耗的时间将会大于绝对均等的分配方式。要缓解这个问题，就只能依靠优化分区模块的逻辑来实现了。

分区模块是映射任务的最后一个阶段，它的输出为记录对应归约模块的索引号，分区阶段可以用图 6.13 概括。

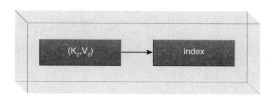

图 6.13　分区模块概括

4. 洗牌和排序

洗牌包括由分区模块将数据传输到归约模块的整个过程，是归约任务的第一个阶段。由分区模块传输来的数据可能存在多条记录对应同一个键。这个模块将把对应同一个键的记录进行组合，形成一个唯一键对应一组值的键－值对列表。随后该模块对所有的键－值对进行排序。组合与排序的方式在此可由用户自定义。整个阶段可用图 6.14 概括，其数据变化如图 6.15 所示。

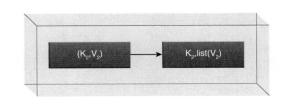

图 6.14　洗牌和排序阶段概括

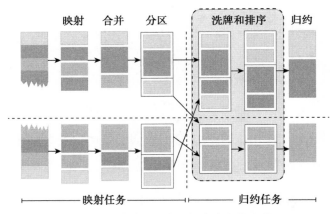

图 6.15　数据在洗牌和排序阶段的变化

5. 归约

归约是归约任务的最后一个阶段，该模块的逻辑由用户自定义，它可能对输入的记录进行进一步分析归纳，也可能对输入不作任何改变。在任何情形下，这个模块都在处理当条记录的同时将其他处理过的记录输出。

归约模块输出的键－值对中，键可以与输入键相同，也可以是由输入值得到的字符串，或其他用户自定义的有序对象，值可以与输入值相同，也可以是由输入值得到的字符串，或其他用户自定义的有序对象。

　　值得注意的是，映射模块输出的键－值对类型需要与归约或合并模块的输入键－值对类型相对应。另外，归约模块也会进行过滤与复用，每个归约模块输出的记录组成单独一个文件，也就是说被分配到每个归约模块的分区都将合并成一个文件。其数据变化如图 6.16 所示，整个阶段可用图 6.17 概括。

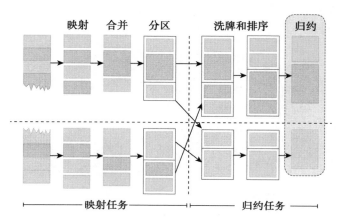

图 6.16　数据在归约阶段的变化

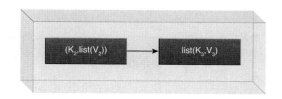

图 6.17　归约阶段概括

　　归约模块的数目是由用户定义的，当然，类似对数据记录进行过滤筛选，一个 MapReduce 作业可以不使用归约模块。

132

6.6.3　MapReduce 的简单实例

　　图 6.18 展示了一个 MapReduce 作业的简单实例，其主要步骤如下：

　　1）输入文件 sales.txt 被分为两个较小的数据文件：文件 1，文件 2。

　　2）文件 1、文件 2 分别在节点 A、节点 B 上，提取相关纪录并完成映射任务。该任务的输出为多组键－值对，键为产品名称，值为产品数量。

　　3）该作业的合并模块将对应同一产品的数量相加，得出每种产品的总量。

4）由于该作业仅使用一个归约模块，因而不需要对数据进行分区。

5）节点 A、B 的处理结果被送到节点 C，在节点 C 上首先对这些记录进行洗牌和排序。

6）排序后的数据输出为一个产品名，对应一组产品数量。

7）最后该作业的归约模块的逻辑与其合并模块相同，将每种产品的数量相加，得到每种产品的总量。

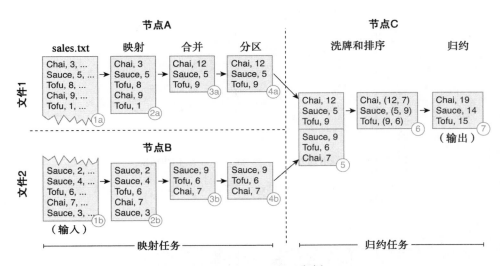

图 6.18　MapReduce 实例

6.6.4　理解 MapReduce 算法

与传统的编程模式不同，MapReduce 编程遵循一套特定的模式。那么如何在该模式上设计算法呢？首先我们要对算法的设计原则进行探索。

前文已经提到，MapReduce 采用了"分治"的原则，在 MapReduce 中如何理解"分治"是极为重要的，本小节首先介绍"分治"常用的几种方式。

❑ 任务并行：如图 6.19 所示，任务并行指的是将一个任务分为多个子任务在不同节点上并行进行，通常并行的子任务采用不同的算法，每个子任务的输入数据可以相同也可不同，最后多个子任务的结果组成最终结果。

❑ 数据并行：如图 6.20 所示，数据并行指的是将一个数据集分为多个子数据集在多个节点上并行地处理，数据并行的多个节点采用同一算法，最后多个子数据集的处理结果组成最终结果。

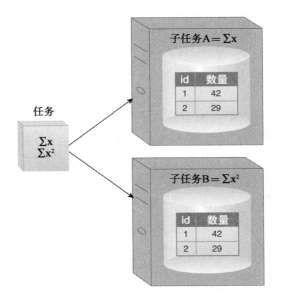

图 6.19　一个任务被分为两个子任务，分别在不同节点上对同一数据集进行不同处理

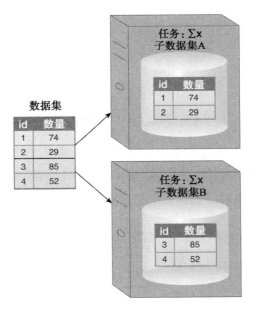

图 6.20　一个数据集被分为两个子数据集，分别在不同节点上进行同种算法处理

对于大数据应用环境，某些操作需要在一个数据单元上重复多次，比如，当一个数据集规模过大时，通常需要将其分为较小的数据集在不同节点进行处理。MapReduce 为了满足这种需求，采用分治中数据并行的方法，将大规模数据分成多个小数据块，每个数据块分别在不同的节点上进行映射处理，这些节点的映射函数

逻辑都是相同的。

134
~
135

现今大部分传统算法的编程原则是基于过程的，也就是说对数据的操作是有序的，后续的操作依赖于它之前的操作。

而 MapReduce 将对数据的操作分为"映射"与"归约"两部分，它的映射任务与归约任务是相互独立的，甚至每个映射实例或归约实例之间都是相互独立的。

在传统编程模型中，函数签名是没有限制的。而 MapReduce 编程模型中，映射函数与归约函数的函数签名必须为键 – 值对这一形式，只有这样才能实现映射函数与归约函数之间的通信。另外，映射函数的逻辑依赖于数据记录的解析方式，即依赖于数据集中逻辑数据单元的组织方式。

例如，通常情况下文本文件中每一行代表一条记录，然而一条记录也可能由两行或多行文本组成，如图 6.21 所示。

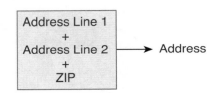

图 6.21　三行文本组成一条记录的实例

对于归约函数，基于它的输入为单个键对应一组值的记录，它的逻辑与映射函数的输出密切相关，尤其是与它最终输出什么键密切相关。值得一提的是，在某些应用场景下，例如文本提取，我们不需要使用归约函数。

总结一下，在设计 MapReduce 算法时，我们主要考虑以下几点：

❏ 尽可能使用简单的算法逻辑，这样才能采用同一函数逻辑处理某个数据集的不同部分，最终以某些方式将各部分的处理结果进行汇总。

❏ 数据集可以被分布式地划分在集群中，如此才能保证映射函数并行地处理各个子数据集。

❏ 理解数据集的数据结构以保证选取有用的记录。

❏ 将算法逻辑分为映射部分与归约部分，如此才能实现映射函数不依赖于整个数据集，毕竟它处理的仅仅是该数据集的一部分。

136

❏ 保证映射函数的输出是正确有效的，由于归约函数的输入为映射函数输出的一部分，只有这样才能保证整个算法的正确性。

□ 保证归约函数的输出是正确的，归约函数的输出则为整个 MapReduce 算法
的输出。

6.7 实时模式处理

实时模式中，数据通常在写入磁盘之前在内存中进行处理。通常它的延迟由亚
秒级到分钟级不等。实时模式侧重的是提高大数据处理的速度。

在大数据处理中，实时处理由于其处理的数据既可能是连续（流式）的也可能
是间歇（事件）的，因而也被称作流式处理或事件处理。这些流式数据或事件数据
通常规模都比较小，但源源不断处理这样的数据得到的结果将构成庞大的数据集。

另外，交互模式也是实时模式的一种，该模式主要是基于查询操作的。运营商
务智能或分析通常在实时模式下进行。

大数据处理遵循 SCV 原则，由于该原则对大数据处理施加的基本限制对实时模
式处理有巨大的影响，所以先来介绍该原则。

6.7.1 SCV 原则

SCV 原则是分布式数据处理的基本原则，它要求设计一个分布式数据处理系统
时仅需满足以下 3 项要求中的 2 项：

1. 速度（Speed）

速度是指数据一旦生成后处理的快慢。通常实时模式的速度快于批处理模式，
因此仅有实时模式会考虑该项性能，并且在此忽略获取数据的时间消耗，专注于实
际数据处理的时间消耗，例如生成数据统计信息时间或算法的执行时间。

137

2. 一致性（Consistency）

一致性指处理结果的准确度与精度。如果处理结果的值接近于正确的值，并且
二者有着相近的精度，则认为该大数据处理系统具有高一致性。高一致性系统通常
会利用全部数据来保证其准确度与精度，而低一致性系统则采用采样技术，仅保证
精度在一个可接受的范围，结果也相对不准确。

3. 容量（Volume）

容量指系统能够处理的数据量。大数据环境下，数据量的高速增长导致大量的数据需要以分布式的方式进行处理。要处理规模如此大的数据，数据处理系统无法同时保证速度与一致性。

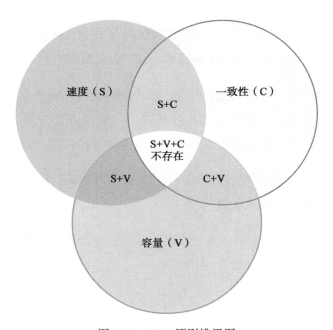

图 6.22　SCV 原则维恩图

如图 6.22 所示，如果要保证数据处理系统的速度与一致性，就不可能保证大容量，因为大量的数据必然会减慢处理速度。

如果要保证高一致地处理大容量数据，处理速度必然减慢。

如果要高速处理大容量的数据，则无法保证系统的高一致性，毕竟处理大规模数据仅能依靠采样来保证更快的速度。

实现一个分布式数据处理系统，选择 SCV 中的哪两项特性主要以该系统分析环境的具体需求为依据。

在大数据环境中，可能需要最大限度地保证数据规模来进行深入分析，例如模式识别，也可能需要对数据进行批处理以求进一步研究。因此，选择容量还是速度或一致性值得慎重考虑。

在数据处理中，实时处理需要保证数据不丢失，即对数据处理容量（V）需求大，因此大数据实时处理系统通常仅在速度（S）与一致性（C）中做权衡，实现S+V 或 C+V。

实时大数据处理包括实时处理与近实时处理。数据一旦到达企业就需要被低延迟地处理。在实时模式下，数据刚到达就在内存中进行处理，处理完毕再写入磁盘供后续使用或存档。而批处理模式恰与之相反，该种模式下数据首先被写入磁盘，再被批量处理，从而将导致高延迟。

实时模式分析大数据需要使用内存设备（IMDG 或 IMDB），数据到达内存时被即时处理，期间没有硬盘 I/O 延迟。实时处理可能包括一些简单的数据分析、复杂的算法执行以及当检测到某些度量发生变化时，对内存数据进行更新。

为了增强实时分析的能力，实时处理的数据可以与之前批处理的数据结果或与磁盘上存储的非规范化数据相结合，磁盘上的数据均可传输到内存中，这样有助于实现更好的实时处理。

除了处理新获取的数据，实时模式还可以处理大量查询请求以实现实时交互。在该种模式下，数据一旦被处理完毕，系统就将结果公布给感兴趣的用户，在此我们使用实时仪表板应用或 Web 应用将数据更新展示给用户。

139

根据某些系统的需求，实时模式下处理过的数据和原始数据将被写入磁盘供后续复杂的批量数据分析。

图 6.23 展示了典型的实时模式处理流程：

1）在数据传输引擎获取流式数据。
2）数据同时被传输到内存设备（a）与磁盘设备（b）。
3）数据处理引擎以实时模式处理存储在内存的数据。
4）处理结果被送到仪表板供操作分析。

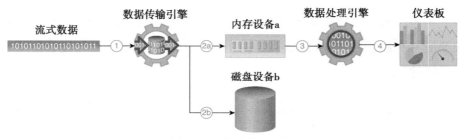

图 6.23　实时处理示例

6.7.2 事件流处理

事件流处理（ESP）是大数据实时处理的一项重要概念。在事件流处理中，事件流通常来源一致并且按到达时间顺序先后被处理，对数据的分析可以通过简单查询实现，也可以通过基于公式的算法实现，在此，数据首先在内存被分析后才被写入磁盘。

140

同时，驻留在内存中的数据也可用于进一步地分析，数据分析的结果可以被送入仪表板，也可作为其他应用的触发器触发某些预设的操作或进一步的分析。相较于复杂事件处理，事件流处理更注重高速，因此它的分析操作也相对简单。

6.7.3 复杂事件处理

复杂事件处理（CEP）是大数据实时处理的另一项重要概念。在复杂事件处理中，大量实时事件来源于各个数据源，并且到达时间是无序的，这些大量的实时事件可以被同时分析处理。在此采用基于规则的算法与统计技术来分析数据，在发掘交叉复杂事件模式时，业务逻辑与进程运行环境也是需要考虑的因素。

复杂事件处理侧重于复杂、深入的数据分析，因此分析速度比不上事件流处理。通常我们把复杂事件处理看成事件流处理的超集，并且大量事件流处理的结果可组成合成事件，作为复杂事件处理的输入。

6.7.4 大数据实时处理与 SCV

在设计一个大数据实时处理系统时，我们要谨记 SCV 原则，对于不同需求的侧重，我们可以将其分为硬实时系统与近实时系统，无论是硬实时系统还是近实时系统，都是不允许丢失数据的，因此二者都要求拥有高容量，它们仅在速度与一致性各有侧重。

在此值得注意的是，数据不丢失并不意味着所有的数据都被实时处理，它表示系统获取的所有数据都将被写入磁盘，可能是直接写入磁盘，也可能是写入充当内存持久层的磁盘。

在硬实时系统中，除了高容量，首先考虑的是高速，这样系统的一致性将受影响。通常我们采用采样技术或近似技术来保证低延迟，得到的结果准确度与精度将降低，但仍在可接受的范围内。

而在近实时系统中，除了高容量，首先考虑的是高一致性，速度没有那么重要，[141]因而近实时系统处理的结果相较于硬实时系统准确度与精度会更高。

总之，硬实时系统牺牲高一致性保证高容量与高速，而近实时系统牺牲高速保证高容量与高一致性。

6.7.5　大数据实时处理与 MapReduce

通常 MapReduce 不适合大数据实时处理，主要原因有以下几点：首先，MapReduce 作业的建立与协调时间开销过大；其次，MapReduce 主要适用于批处理已经存储到磁盘上的数据，这与实时处理不同；最后 MapReduce 处理的数据是完整的，而非增量的，而实时处理的数据往往是不完整的，以数据流的方式不断传输到处理系统。

另外，MapReduce 中的归约任务必须等待所有映射任务完成后再开始。首先，每个映射函数的输出被存储到每个映射任务节点。然后，映射函数的输出通过网络传播到归约任务节点，作为归约函数的输入，数据在网络中的传播将导致一定的时延。另外要注意归约节点之间不能相互直接通信，必须依靠映射节点传输数据，这是 MapReduce 的固定流程。

由此可见，MapReduce 不适用于实时处理系统，尤其是硬实时系统，然而在近实时系统中，可以采取某些策略使用 MapReduce 模型。其中一种方法是运用内存存储交互查询的输入数据，即这些交互查询组成一个 MapReduce 作业，像这样的微批处理 MapReduce 作业可以以一定频率处理较小的数据集，例如，每 15 分钟处理一次。另一种方法则是在磁盘上持续地运行 MapReduce 作业，创建一系列实例视图，这些视图可以与交互查询处理得到的小容量分析结果相结合。[142]

考虑到设备较小，企业渴望更主动地吸引客户等原因，大数据实时处理的优势日益凸显。目前一些以 Spark、Storm 与 Tez 为代表的 Apache 开源项目，已经可以提供完全的大数据实时处理，为大数据实时处理解决方案的革新奠定了基础。

6.8 案例学习

大部分 ETI 企业的业务信息系统采用客户 / 服务器模型与 n 层架构。在对所有的 IT 系统进行调查后，发现没有任何公司的系统采用了分布式处理技术。相反，数据都是在一台机器上处理的，这些数据来源于客户或从数据库检索得到。尽管当前的数据处理模式还未采用分布式处理，一些软件工程师认为机器指令级的并行处理已经得到了一定程度的使用。他们对此的认知主要来源于在开发某些高性能的定制应用时，通常需要采用多线程使得数据可以在多个内核上分块地处理。

6.8.1 处理工作量

批处理型模式与事务型模式在 ETI 的 IT 企业运营环境中均有体现，像操作系统，比如索赔管理与计费系统，体现了事务型的特性，而像商务智能活动则是批处理型的典型代表。

6.8.2 批处理模式处理

在新兴的大数据技术中，IT 团队首先以增量的方式批处理大数据，在积累一定的研究经验时，大数据处理开始向实时处理转变。

为了理解 MapReduce 架构，IT 团队选取适合 MapReduce 的应用场景，进行脑部演练，他们发现找出最受欢迎的保险产品是一项需要定期进行并且耗时较长的任务。一项保险产品的受欢迎程度可由它的页面被浏览的次数来衡量。在此，当某个页面被访问时，Web 服务器即在日志文件中创建一个条目（一行用逗号分隔的字段），Web 服务器的日志其他字段则记录了该页面访问者的 IP 地址、访问时间以及页面名称，这个页面名称则与该访问者感兴趣的保险产品名称一致。然后 Web 服务器日志被导入到一个关系型数据库中，再通过 SQL 查询得到页面名与该页面的访问次数，该查询将消耗较长的时间。

上文提到的页面访问次数则由 MapReduce 编程实现，在映射阶段，设置页面名称为键，每个键 – 值对的值均设为 1，在归约阶段，则把所有对应同一键的值 1 相加，得出访问总次数。归约函数的输出，键即为页面名称，值为页面访问次数。为了提高处理效率，IT 团队采用了与归约函数同样逻辑的合并函数求出每块数据各页面访问次数的部分和，这样归约函数求出的最终结果与正确结果一致，但它的输入不再是一个键对应一组 1 值，而是对应一组部分和。

6.8.3　实时模式处理

IT 团队认为，事件流处理模型可以用于在推特（Twitter）数据上实时地进行情感分析，从而找出任何可能会让用户不满意的原因。

144

第 7 章

大数据存储技术

存储技术随着时间的推移持续发展，把存储从服务器内部逐渐移动到网络上。当今对融合式架构的推动把计算、存储、内存和网络放入一个可以统一管理的架构中。在这些变化中，大数据的存储需求彻底地改变了自 20 世纪 80 年代末期以来 Enterprise ICT 所支持的以关系型数据库为中心的观念。其根本原因在于，关系型技术根本不是一个可以支持大数据的容量的可扩展的方式。更何况，企业通常通过处理半结构化和非结构化数据获取有用的价值，而这些数据通常与关系型方法不兼容。

大数据促进形成了统一的观念，即存储的边界是集群可用的内存和磁盘存储。如果需要更多的存储空间，横向可扩展性允许集群通过添加更多节点来扩展。这个事实对于内存与磁盘设备都成立，尤其重要的是创新的方法能够通过内存存储来提供实时分析。甚至批量为主的处理速度都由于越来越便宜的固态硬盘而变快了。

这一章我们将深入探讨磁盘和内存设备对大数据的作用。这章的主题涵盖了从用于存储无格式文件的分布式文件系统的简单概念到用于存储半结构化或非结构化数据的 NoSQL 设备。确切地说，介绍了不同种类的 NoSQL 数据库技术以及它们的用途。本章的最后一个主题是内存存储，它促进了对流数据的处理并且能够容纳整个数据库。这些技术使传统的磁盘存储的面向批量的处理转变到了内存存储的实时处理。 146

7.1 磁盘存储设备

磁盘存储通常利用廉价的硬盘设备作为长期存储的介质。如图 7.1 所示，磁盘存储可由分布式文件系统或数据库实现。

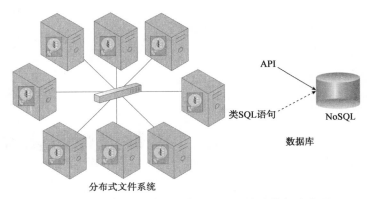

图 7.1 磁盘存储可通过分布式文件系统或数据库实现

7.1.1 分布式文件系统

像其他文件系统一样，分布式文件系统对所存储的数据是不可知的，因此能够支持无模式的数据存储。通常来讲，分布式文件系统存储设备通过复制数据到多个位置而提供开箱即用的数据冗余和高可用性。

一个实现了分布式文件系统的存储设备可以提供简单快速的数据存储功能，并能够存储大型非关系型数据集，如半结构化数据和非结构化数据。尽管对于并发控制采用了简单的文件锁机制，它依然拥有快速的读 / 写能力，从而能够应对大数据的快速特性。

对于包含大量小文件的数据集来说分布式文件系统不是一个很好的选择，因为这造成了过多的磁盘寻址行为，降低了总体的数据获取速度。此外在处理大量较小的文件时也会产生更多的开销，因为在处理每个文件时，且在结果被整个集群同步之前，处理引擎会产生一些专用的进程。

由于这些限制，分布式文件系统更适用于数量少、空间大的、并以连续方式访问的文件。多个较小的文件通常被合并成一个文件以获得最佳的存储和处理性能。当数据必须以流模式获取而且没有随机读写需求时（如图 7.2），会使分布式文件系统获得更好的性能。

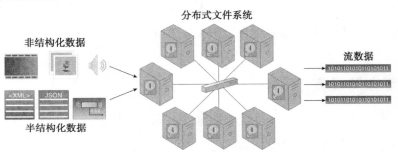

图 7.2 分布式文件系统以没有随机读写需求的流模式访问数据

分布式文件系统存储设备适用于存储原始数据的大型数据集，或者需要归档数据集时。另外，分布式文件系统对需要在相当长的一段时期内在线存储大量数据提供了一个廉价的选择。因为集群可以非常简单地增加磁盘而不需要将数据卸载到像磁带等离线数据存储空间中。需要指出的是，分布式文件系统并不提供开箱即用的搜索文件内容的功能。

148

7.1.2　RDBMS 数据库

关系型数据库管理系统（RDBMS）适合处理涉及少量的有随机读/写特性的数据的工作。关系型数据库管理系统是兼容 ACID 的，所以为了保持这样的性质，它们通常仅限于单个节点。因此，RDBMS 不支持开箱即用的数据冗余和容错性。

为了应对大量数据快速的到达，关系型数据通常需要扩展。RDBMS 采用了垂直扩展，而不是水平扩展，这是一种更加昂贵的并带有破坏性的扩展方式。这使得对于数据随时间而积累的长期存储来说，RDBMS 不是一个很好的选择。

注意，一些关系型数据库，像 IBM DB2 pureScal、Sybase 的 ASE Cluster Edition、Oracle 的 Real Application Clusters（RAC）和微软的 Parallel Data Warehouse（PDW）都能够在集群上运行（如图 7.3 所示）。但是，这些数据库集群依然使用共享存储，当单个节点出现故障时依旧能够运行。

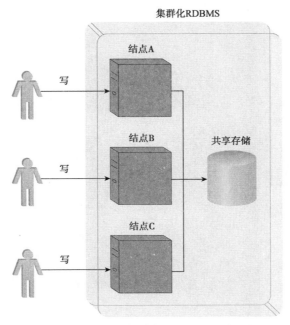

图 7.3　集群化的关系型数据库使用共享存储的架构，当单个节点发生故障时可能会影响整个数据库的使用

149

关系型数据库需要手动分片，大多数都采用应用逻辑。这意味着应用逻辑需要知道为了得到所需的数据去查询哪一个分片。当需要从多个分片中获取数据时，数据处理将进一步复杂化。

下面的步骤如图 7.4 所示：

1）用户写入一条记录（id=2）。

2）应用逻辑决定记录将被写入的分片。

3）记录被送往应用逻辑确定的分片。

4）用户读取一条记录（id=4），应用逻辑确定包含所需数据的分片。

5）读取数据并返回给应用。

6）应用返回数据给用户。

下面的步骤如图 7.5 所示：

1）用户请求获取多个数据（id=1,3），应用逻辑确定将被读取的分片。

2）应用逻辑确定分片 A 和 B 将被读取。

3）数据被读取并由应用做连接操作。

4）最后数据被返回给用户。

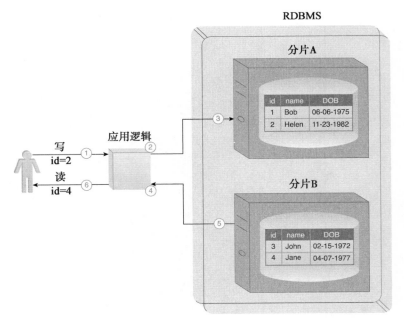

图 7.4　一个关系型数据库被应用逻辑手动分片

关系型数据库通常需要数据保持一定的模式。所以，关系型数据库不直接支持存储非关系型模式的半结构化和非结构化的数据。另外，在数据被插入或被更新时会检查数据是否满足模式的约束以保障模式的一致性。这也会引起开销造成延迟。

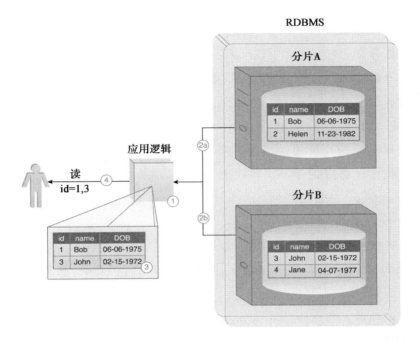

图 7.5　利用应用逻辑对从不同碎片中检索到的数据进行连接操作的一个例子

这种延迟使得关系型数据库不适用于存储需要高可用性、快速数据写入能力的数据库存储设备的高速数据。由于它的缺点，在大数据环境下，传统的关系型数据库管理系统通常并不适合作为主要的存储设备。

7.1.3　NoSQL 数据库

NoSQL 指的是用于研发下一代具有高扩展性和容错性的非关系型数据库的技术。我们用如图 7.6 所示的标志来代表 NoSQL 数据库。

1. 特征

以下是 NoSQL 存储设备的一些与传统 RDBMS 不一致的主要特性的列表。此列表应当被视为一般的概述，并不是所有的 NoSQL 存储设备都具有这些特性。

NoSQL 数据库

图 7.6　用来代表 NoSQL 数据库的符号标志

❑ 无模式的数据模型——数据可以以它的原始形式存在。

❑ 横向扩展而不是纵向扩展——为了获得额外的存储空间，NoSQL 可以增加更多的节点，而不是用更好的性能 / 容量更高的节点替换现有的节点。

❑ 高可用性——NoSQL 建立在提供开箱即用的容错性的基于集群的技术之上。

❑ 较低的运营成本——许多 NoSQL 数据库建立在开源的平台上，不需要支付软件许可费。它们通常可以部署在商业硬件上。

❑ 最终一致性——跨节点的数据读取可能在写入后短时间内不一致。但是，最终所有的节点会处于一致的状态。

❑ BASE 兼容而不是 ACID 兼容——BASE 兼容性需要数据库在网络或者节点故障时保持高可用性，而不要求数据库在数据更新发生时保持一致的状态。数据库可以处于不一致状态直到最后获得一致性。所以在考虑到 CAP（Consistency Availability Partition tolerance）理论时，NoSQL 存储设备通常是 AP 或 CP。

❑ API 驱动的数据访问——数据的访问通常支持基于 API 的查询，包括 REST（Representational State Transfer）类型的 API，但是一些实现可能也提供类 SQL 查询的支持。

❑ 自动分片和复制——为了支持水平扩展提供高可用性，NoSQL 存储设备自动地运用分片和复制技术，数据集可以被水平分割然后被复制到多个节点。

❑ 集成缓存——没有必要加入像 Memchaced 之类的第三方分布式缓存层。

❑ 分布式查询支持——NoSQL 存储设备通过多重分片来维持一致性查询。

❑ 不同类型设备同时使用——NoSQL 存储的使用并没有淘汰传统的 RDBMS。事实上，两者可以同时使用，所以支持不同类型的存储设备同时使用，即在相同的结构里，可以使用不同类型的存储技术以持久化数据。这对于需要结构化也需要半结构化或非结构化数据的系统开发有好处。

❑ 注重聚集数据——不像关系型数据库那样对处理规范化数据最为高效，NoSQL 存储设备存储非规范化的聚集数据（一个实体为一个对象），所以减少了在不同应用对象和存储在数据库中的数据之间进行连接和映射操作的需要。但是有一个例外，图数据存储设备（即将在下面的章节介绍）不注重聚集数据。

2. 理论基础

NoSQL 存储设备的出现主要归因于大数据的数据集的容量、速度和多样性等特征。

❑ 容量

不断增加的数据量的存储需求，促进了对具有高度可扩展性的、同时使企业能够降低成本、保持竞争力的数据库的使用。NoSQL 的存储设备提供了扩展能力，同时使用廉价商用服务器满足这一要求。

❑ 速度

数据的快速涌入需要数据库有着快速访问的数据写入能力。NoSQL 存储设备利用按模式读而不是按模式写实现快速写入。由于高度可用性，NoSQL 存储设备能够确保写入延迟不会由于节点或者网络故障而发生。

❑ 多样性

存储设备需要处理不同的数据格式，包括文档、邮件、图像和视频以及不完整数据。NoSQL 存储设备可以存储这些不同形式的半结构化和非结构化数据的格式。

同时，由于 NoSQL 数据库能够像随着数据集的进化改变数据模型一样改变模式，基于这个能力，NoSQL 存储设备能够存储无模式数据和不完整数据。换句话说，NoSQL 数据库支持模式进化。

3. 类型

如图 7.7 ~图 7.10 所示，根据不同存储数据的方式，NoSQL 存储设备可以被分为四种类型：

key	value
631	John Smith, 10.0.30.25, Good customer service
365	100101011101101111011101010110101010011100011010
198	<CustomerId>32195</CustomerId><Total>43.25</Total>

图 7.7 NoSQL 键 – 值存储的一个例子

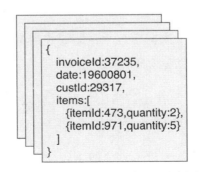

图 7.8 NoSQL 文档存储的一个例子

  ❑ 键 – 值存储
  ❑ 文档存储
  ❑ 列簇存储
  ❑ 图存储

studentId	personal details	address	modules history
821	FirstName: Cristie LastName: Augustin DoB: 03-15-1992 Gender: Female Ethnicity: French	Street: 123 New Ave City: Portland State: Oregon ZipCode: 12345 Country: USA	Taken: 5 Passed: 4 Failed: 1
742	FirstName: Carlos LastName: Rodriguez MiddleName: Jose Gender: Male	Street: 456 Old Ave City: Los Angeles Country: USA	Taken: 7 Passed: 5 Failed: 2

图 7.9　NoSQL 列簇存储的一个例子

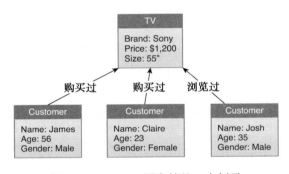

图 7.10　NoSQL 图存储的一个例子

4. 键 – 值存储

　　键 – 值存储设备以键 – 值对的形式存储数据，并且运行机制和散列表类似。该表是一个值列表，其中每个值由一个键来标识。值对数据库不透明并且通常以 BLOB 形式存储。存储的值可以是任何从传感器数据到视频数据的集合。

　　只能通过键查找值，因为数据库对所存储的数据集合的细节是未知的。不能部分更新，更新操作只能是删除或者插入。

　　键 – 值存储设备通常不含有任何索引，所以写入非常快。基于简单的存储模型，键 – 值存储设备高度可扩展。

　　由于键是检索数据的唯一方式，为了便于检索，所保存值的类型经常被附在键之后。123_sensor1 就是一个这样的例子。

为了使存储的数据具有一些结构，大多数的键－值存储设备会提供集合或桶（像表一样）来放置键－值对。如图 7.11 所示，一个集合就可以容纳多种数据格式。一些实现方法为了降低存储空间从而支持压缩值。但是这样在读出期间会造成延迟，因为数据在返回之前需要先被解压。

图 7.11　数据被组织在键－值对中的一个例子

键－值存储设备适用于：

❑ 需要存储非结构化数据。
❑ 需要具有高效的读写性能。
❑ 值可以完全由键确定。
❑ 值是不依赖其他值的独立实体。
❑ 值有着相当简单的结果或是二进制的。 156
❑ 查询模式简单，只包括插入、查找和删除操作。
❑ 存储的值在应用层被操作。

键－值存储设备不适用于：

❑ 应用需要通过值的属性来查找或者过滤数据。
❑ 不同的键－值项之间存在关联。
❑ 一组键的值需要在单个事务中被更新。
❑ 在单个操作中需要操控多个键。
❑ 在不同值中需要有模式一致性。
❑ 需要更新值的单个属性。

键－值存储设备的实例包括 Riak、Redis 和 Amazon Dynamo DB。

5. 文档存储

文档存储设备也存储键－值对。但是，不像键－值存储设备，存储的值是可以被数据库查询的文档。这些文档可以具有复杂的嵌套结构，例如发票，如图 7.12 所示。这些文档可以使用基于文本的编码方案，如 XML 或 JSON，或者使用二进制编码方案，如 BSON（Binary JSON）进行编码。

像键 – 值存储设备一样，大多数文档存储设备会提供集合或桶（像表一样）来放置键 – 值对。文档存储设备和键 – 值存储设备之间的区别如下：

❑ 文档存储设备是值可感知的。
❑ 存储的值是自描述的，模式可以从值的结构或从模式的引用推断出，因为文档已经被包括在值中。
❑ 选择操作可以引用集合值内的一个字段。
❑ 选择操作可以检索集合的部分值。
❑ 支持部分更新，所以集合的子集可以被更新。
❑ 通常支持用于加速查找的索引。

每个文档都可以有不同的模式，所以，在相同的集合或者桶中可能存储不同种类的文档。在最初的插入操作之后，可以加入新的属性，所以提供了灵活的模式支持。

应当指出，文档存储设备并不局限于存储像 XML 文件等以真实格式存在的文档，它们也可以用于存储包含一系列具有平面或嵌套模式的属性的集合。图 7.12 展示了 JSON 文件如何以文档的形式存储在 NoSQL 数据库中。

文档存储设备适用于：

❑ 存储包含平面或嵌套模式的面向文档的半结构化数据。
❑ 模式的进化由于文档结构的未知性或者易变性而成为必然。
❑ 应用需要对存储的文档进行部分更新。
❑ 需要在文档的不同属性上进行查找。
❑ 以序列化对象的形式存储应用领域中的对象，例如顾客。
❑ 查询模式包含插入、选择、更新和删除操作。

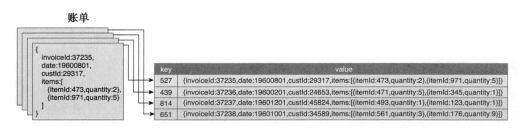

图 7.12　JSON 文件存储在文档存储设备中的一个例子

文档存储设备不适用于：

❑ 单个事务中需要更新多个文档。

❑ 需要对归一化后的多个数据或文档之间执行连接操作。

❑ 由于文档结构在连续的查询操作之后会发生改变，为了实现一致的查询设计需要使用强制模式来重构查询语句。

❑ 存储的值不是自描述的，并且不包含对模式的引用。

❑ 需要存储二进制值。

文档存储设备的例子包括 MongoDB、CouchDB 和 Terrastore。

6. 列簇存储

列簇存储设备像传统 RDBMS 一样存储数据，但是会将相关联的列聚集在一行中，从而形成列簇。（如图 7.13 所示）每一列都可以是一系列相关联的集合，被称为超列。

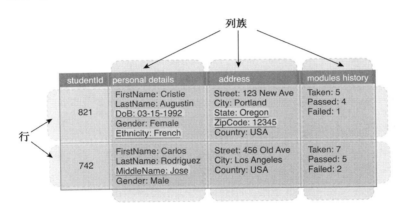

图 7.13　图中加下划线的列表示列簇数据库提供的灵活模式特征，此处每一行可以有不同的列

每个超列可包含任意数量的相关列，这些列通常作为一个单元被检索或更新。每行都包括多个列簇，并且含有不同的列的集合，所以有灵活的模式支持。每行被行键标识。

列簇存储设备提供快速数据访问，并带有随机读写能力。它们把列簇存储在不同的物理文件中，这将会提高查询响应速度，因为只有被查询的列簇才会被搜索到。

一些列簇存储设备支持选择性地压缩列簇。不对一些能够被搜索到的列簇进行压缩，会让查询速度更快，因为在查找中，那些目标列不需要被解压缩。大多数的实现支持数据版本管理，然而有一些支持对列数据指定到期时间。当到期时间过了，数据会被自动移除。

列簇存储设备适用于：

❑ 需要实时的随机读写能力，并且数据以已定义的结构存储。
❑ 数据表示的是表的结构，每行包含着大量列，并且存在着相互关联的数据形成的嵌套组。
❑ 需要对模式的进化提供支持，因为列簇的增加或者删除不需要在系统停机时间进行。
❑ 某些字段大多数情况下可以一起访问，并且搜索需要利用字段的值。
❑ 当数据包含稀疏的行而需要有效地使用存储空间时，因为列簇数据库只为存在列的行分配存储空间。如果没有列，将不会分配任何空间。
❑ 查询模式包含插入、选择、更新和删除操作。

列簇不适用于：

❑ 需要对数据进行关系型操作，例如连接操作。
❑ 需要支持 ACID 事务。
❑ 需要存储二进制数据。
❑ 需要执行 SQL 兼容查询。
❑ 查询模式经常改变，因为这样将会重构列簇的组织。

列簇存储设备包括 Cassandra、HBase 和 Amazon SimpleDB。

7. 图存储

图存储设备被用于持久化互联的实体。不像其他的 NoSQL 存储设备那样注重实体的结构，图存储设备更强调存储实体之间的联系（如图 7.14 所示）。

存储的实体被称作节点（注意不要与集群节点相混淆）也被称为顶点，实体间的联系被称为边。按照 RDBMS 的说法，每个节点可被认为是一行，而边可表示连接。

节点之间可以通过多条边形成多种类型的链路。每个节点有如键 – 值对的属性数据，例如顾客可以有 ID、姓名和年龄属性。

　　每条边可以有特有的如键－值对的属性数据，这些数据可以用来进一步过滤查询结果。

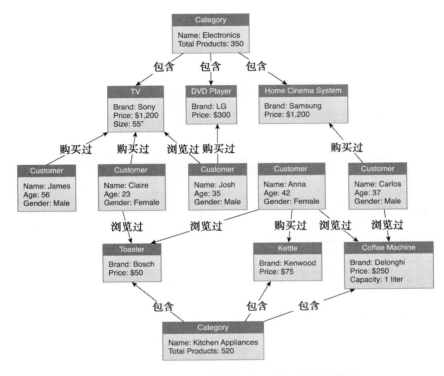

图 7.14　图存储设备存储实体和它们之间的关系

　　一个节点有多条边，和在 RDBMS 中含有多个外键是相类似的，但是，并不是所有的节点都需要有相同的边。查询一般包括根据节点属性或者边属性查找互联节点，通常被称为节点的遍历。

　　边可以是单向的或双向的，指明了节点遍历的方向。一般来讲，图存储设备通过 ACID 兼容性而支持一致性。

　　图存储设备的有用程度取决于节点之间的边的数量和类型。边的数量越多，类型越复杂，可以执行的查询的种类就越多。因此，如何全面地捕捉节点之间存在的不同类型的关系很重要。这不仅可用于现有的使用场景，也可以用来对数据进行探索性的分析。

　　图存储设备通常允许在不改变数据库的情况下加入新类型的节点。这也使得在节点之间定义额外的连接，作为新型的关系或者节点出现在数据库中。

图存储设备适用于：

- □ 需要存储互联的实体。
- □ 需要根据关系的类型查询实体，而不是实体的属性。
- □ 查找互联的实体组。
- □ 就节点遍历距离来查找实体之间的距离。
- □ 为了寻找模式而进行的数据挖掘。

图存储设备不适用于：

- □ 需要更新大量的节点属性或边属性，这包括对节点或边的查询，相对于节点的遍历是非常费时的操作。
- □ 实体拥有大量的属性或嵌套数据，最好在图存储设备中存储轻量实体，而在另外的非图 NoSQL 存储设备中存储额外的属性数据。
- □ 需要存储二进制数据。
- □ 基于节点或边的属性的查询操作占据大部分的节点遍历查询。

161
～
162

主要例子有 Neo4J、Infinite Graph 和 OrientDB。

7.1.4 NewSQL 数据库

NoSQL 存储设备是高度可扩展的、可用的、容错的，对于读写操作是快速的。但是，它们不提供 ACID 兼容的 RDBMS 所表现的事务和一致性支持。根据 BASE 模型，NoSQL 存储设备提供了最终一致性而不是立即一致性。所以它们在达到最终的一致性状态前处于软状态。因此，它们并不适用于实现大规模事务系统。

NewSQL 存储设备结合了 RDBMS 的 ACID 特性和 NoSQL 存储设备的可扩展性与容错性。NewSQL 数据库通常支持符合 SQL 语法的数据定义与数据操作，对于数据存储使用逻辑上的关系数据模型。

NewSQL 数据库可以用来开发有大量事务的 OLTP 系统，例如银行系统。它们也可以用于实时分析，如运营分析，因为一些实现采用了内存存储。

由于 NewSQL 数据库对 SQL 的支持，与 NoSQL 存储设备相比，它更容易从传统的 RDBMS 转化为高度可扩展的数据库。

NewSQL 数据库的实例包括 VoltDB、NuoDB 和 InnoDB。

7.2　内存存储设备

前文介绍了作为数据存储的基石的磁盘存储设备及其多种类型。这个部分建立在该知识上，并展现内存存储，提供了一种高性能、先进的数据存储方案。

内存存储设备通常利用 RAM，即计算机的主存，作为存储介质来提供快速数据访问。RAM 不断增长的容量以及不断降低的价格，伴随着固态硬盘不断增加的读写速度，为开发内存数据存储提供了可能性。

在内存中存储数据可以减少由磁盘 I/O 带来的延迟，也可以减少数据在主存与硬盘设备间传送的时间。数据读写延迟的总体降低会使得数据处理更加快速。通过水平扩展含有内存存储设备的集群将会极大地增加内存存储设备的存储能力。 |163|

基于集群的内存能够存储大量的数据，包括大数据数据集，与磁盘存储设备相比较，这些数据的获取速度将会快很多。这显著地降低了大数据分析的总体运行时间，也使得实时大数据分析成为可能。

图 7.15 是代表内存存储设备的标志。

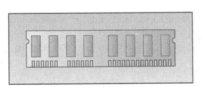

内存存储设备

图 7.15　内存存储设备标志

图 7.16 展示了内存存储设备和磁盘存储设备在数据获取时间上的差异。上半部分显示从内存存储设备中对 1MB 数据大概需要 0.25ms。下半部分显示从磁盘存储设备读同样大小的数据大概需要 20ms。这表明从内存存储设备中读数据比从磁盘中读数据大概要快 80 倍。注意，此处假定在网络上数据的传送时间在两个场景中是一样的，并且这部分时间不被包含在数据读取时间内。

内存存储设备使内存数据分析成为可能，例如对存储在内存中而不是磁盘中的数据执行某些查询而产生统计数据。内存分析则可以通过快速的查询和算法使得运行分析和运营商业智能成为可能。

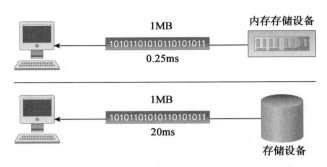

164

图 7.16　内存存储设备传输数据的速度是磁盘存储设备的 80 倍

首先，内存存储通过提供存储媒介加快实时分析，而能够应对大数据环境下数据的快速涌入（速度特性）。这使得为了应对某个威胁或利用某个商业机会而做出的快速商业决定得到支持。

大数据内存存储设备在集群上得以实现，并且提供高可用性和数据冗余。所以，水平扩展可以通过增加更多的节点或者内存得以实现。与磁盘存储设备相比，内存存储设备更加昂贵，因为内存的价格比磁盘的价格更高。

尽管理论上说，一台 64 位的计算机最多可以利用 16EB 的内存，但是由于诸如机器等物理条件上的限制，实际能被使用的内存是相当少的。为了扩展，不仅需要增加更多的内存，一旦每个节点的内存达到上限还需要增加更多的节点。这都增加了数据存储的代价。

除了昂贵以外，内存存储设备对持久数据存储不提供相同级别的支持。与磁盘存储设备相比，价格因素更加影响到了内存存储设备的可用性。结果，只有最新的最有价值的数据才会被保存在内存中，而陈旧的数据将会被新的数据所代替。

内存存储设备支持无模式或者模式感知的存储取决于它的实现方式。通过基于键 – 值的数据持久化可以提供对无模式的存储支持。

内存存储设备适用于：

❑ 数据快速到达，并且需要实时分析或者事件流处理。
❑ 需要连续地或者持续不断地分析，例如运行分析和运营商业智能。
❑ 需要执行交互式查询处理和实时数据可视化，包括假设分析和数据钻取操作。
❑ 不同的数据处理任务需要处理相同的数据集。
❑ 进行探索性的数据分析，因为当算法改变时，同样的数据集不需要从磁盘上

重新读取。　165

❑ 数据的处理包括对相同数据集的迭代获取，例如执行基于图的算法。

❑ 需要开发低延迟并有 ACID 事务支持的大数据解决方案。

内存存储设备不适用于：

❑ 数据处理操作含有批处理。

❑ 为了实现深度的数据分析，需要在内存中长时间地保存非常大量的数据。

❑ 执行 BI 战略或战略分析，涉及访问数据量非常大，并涉及批量数据处理。

❑ 数据集非常大，不能装进内存。

❑ 从传统数据分析到大数据分析的转换，因为加入内存存储设备可能需要额外
的技术并涉及复杂的安装。

❑ 企业预算有限，因为安装内存存储设备可能需要升级节点，这需要通过节点
替换或者增加 RAM 实现。

内存存储设备可以被实现为：

❑ 内存数据网格（IMDG）。

❑ 内存数据库（IMDB）。

尽管两种技术都使用内存作为数据存储介质，但是它们的差异体现在数据在内
存中的存储方式。接下来将讨论这两种技术的关键特性。

7.2.1　内存数据网格

内存数据网格（IMDG）在内存中以键 - 值对的形式在多个节点存储数据，在这
些节点中键和值可以是任意的商业对象或序列化形式存在的应用数据。通过存储半
结构化或非结构化数据而支持无模式数据存储。数据通过 API 被访问。图 7.17 是用
来表示 IMDG 的标志。

IMDG

图 7.17　IMDG 的标志　166

在图 7.18 中：

1）首先用序列化引擎序列化图像 a、XML 数据 b 和客户对象 c。

2）随后它们被以键 – 值对的形式存储在 IMDG 中。

3）客户端通过键来获取顾客对象。

4）IMDG 以序列化的形式返回值。

5）客户端利用序列化引擎将值反序列化并获取客户对象。

6）为了操作客户对象……

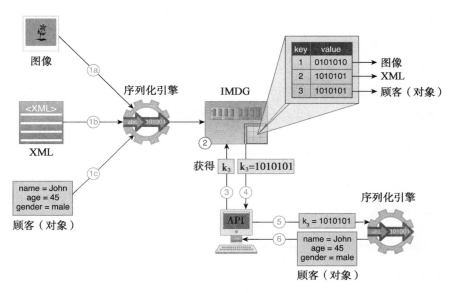

图 7.18　一个 IMDG 存储设备

IMDG 中的节点保持自身的同步，并且集体提供高可用性、容错性和一致性。与 NoSQL 的最终一致性方法相比较，IMDG 提供立即一致性。

相比关系型 IMDB（在 IMDB 下已经讨论过的），IMDG 提供快速的数据获取因为 IMDG 将非关系型数据存储为对象。所以，不像关系型 IMDB，IMDG 不需要对象 – 关系映射，并且客户端可以直接操作应用领域的特定对象。

内存数据网格通过实现数据划分和数据复制进行水平拓展，并且通过复制数据到至少一个外部节点而提供进一步的可靠性支持。当计算机故障发生时，作为恢复的一部分，IMDG 自动从备份中重建丢失的数据。

IMDG 经常被用于实时分析，因为它们通过发布 – 订阅的消息模型支持复杂事件处理（CEP）。这通过一种被称为连续查询或被称作活跃查询的功能实现，其中针对感兴趣的事件的过滤器被注册入 IMDG 中。IMDG 随后持续性地评估过滤器，当这个过滤器满足插入、更新、删除操作的结果时，就会通知订阅的用户（如图 7.19 所示）。通知会随着增加、移除、更新等事件异步地发送，并带有键 – 值对的信息，如旧值和新值。

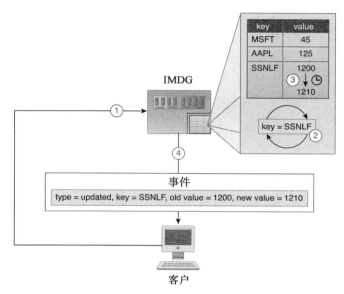

图 7.19　使用 IMDG 来存储股票价格，这里键属性为股票的标志，而值属性为股票的价格（考虑到可读性这里显示为文本）。一个客户发布一系列的查询（Key=SSNLF）①，这些查询被登记在 IMDG 中②，当 SSNLF 股票的价格变动时③，一个包含事件不同详细信息的更新事件被发送给订阅用户④

168

从功能的角度上看，IMDG 和分布式缓存相类似，因为它们对频繁访问的数据都提供基于内存的数据访问方式。但是，不像分布式缓存，IMDG 对复制和高可用性提供内置的支持。

实时处理引擎可以利用 IMDG，高速的数据一旦到达就可以存放在 IMDG 中，并且在被送往磁盘存储设备保存之前就可以在 IMDG 中处理，或者将数据从磁盘存储设备复制到 IMDG 中。这使得数据处理速度更快，并且进一步使得数据能够在多个任务间实现重复利用，或者相同数据的迭代算法的实现。

IMDG 也支持内存 MapReduce 以帮助减少磁盘 MapReduce 带来的延迟，尤其是当相同的工作需要被执行多次时。

如图 7.20 所示，IMDG 可被部署到基于云的环境中，它可以根据存储需求的增加或减少，自动地横向扩展或收缩以提供灵活的存储媒介。

IMDG 可以被引入到现有的大数据解决方案中，只需要在磁盘存储设备和数据处理应用直接加入即可。但是 IMDG 的引入通常需要修改应用程序的代码以实现 IMDG 的 API。

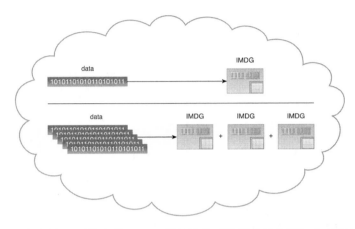

169 图 7.20　部署在云环境中的 IMDG 可以随着对数据存储的增加自动横向扩展

注意，一些 IMDG 实现可能也对 SQL 提供部分或全部支持。

这样的例子包括 In-Memory Data Fabric、Hazelcast 和 Oracle Coherence。

在大数据环境下，IMDG 通常与磁盘存储设备一起部署使用，磁盘存储设备用作后端存储。这通过如下方式实现，这些方法可以按照需求结合使用以满足读 / 写性能、一致性和简洁性的要求：

❏ 同步读
❏ 同步写
❏ 异步写
❏ 异步刷新

1. 同步读

如果在 IMDG 中没有找到被请求的键，那么就将从后端磁盘存储设备（如数据库）中同步的读取。一旦从后端的磁盘存储设备中成功读取数据后，就向 IMDG 中插入键 – 值对，并且将请求的值返回给客户端。随后针对相同键的请求都将由 IMDG 直接应答，而不是后端存储。尽管这是一个简单的方法，但是其同步化的本质可能会引入读取延迟。图 7.21 是一个同步读的例子，客户端 A 尝试读目前不存在于 IMDG 中的键 K3 ①。结果，数据从后端存储中被读出来②，然后被插入到 IMDG 中③，最后被送给客户 A ④。随后的客户 B 对相同键的请求⑤被 IMDG 直接应答⑥。

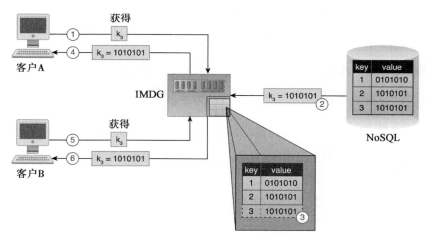

图 7.21　使用同步读方法的 IMDG 的一个例子

2. 同步写

任何对 IMDG 的写操作（插入、更新、删除）都在事务中同步地写入到后台磁盘存储设备中，例如数据库。如果对后台磁盘存储设备的写失败，IMDG 的更新就将回滚，由于事务性的本质，可以立即在两个数据存储之间获得数据一致性。但是，对事务性的支持是以写延迟为代价换来的，因为任何写操作只有从后台存储中接收到反馈（成功或失败）时，才被认为是完整的，如图 7.22 所示。

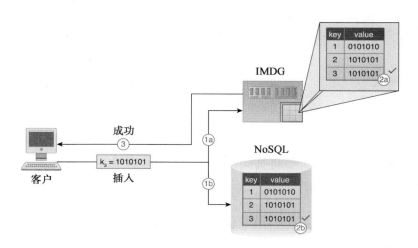

图 7.22　一个客户在一个交易方式中插入一条新的键 – 值对（K_3，V_3），这条键 – 值对插入到 IMDG ⑭和后台存储设备中⑮。成功插入到 IMDG ㉑和后台存储设备中㉒后，通知该客户这条插入被成功执行了

3. 异步写

任何对 IMDG 的写都是以批处理的方式异步的写入到后台磁盘存储设备中，例如数据库。

在 IMDG 和后台存储之间有一个队列保存着需要对后台存储进行的改变。可以设置队列在不同的时间间隔内将数据写入到后台存储中。

异步的本质通常提高了写性能（因为一旦数据被写入 IMDG 中，写操作就被认为是完整的）、读性能（数据一旦被写入 IMDG 就可以从中读出）、扩展性和可用性。

但是异步的本质也会引入不一致性，直到后台存储在特定的时间间隔内被更新。

如图 7.23 所示：

1）客户 A 更新 K3，该值在 IMDG 中被更新①a，也被送入队列①b。
2）但是，在后台存储被更新前，客户 B 请求相同的值。
3）返回旧值。
4）在设置的时间间隔之后。
5）后台存储最终被更新。
6）客户 C 请求相同的值。
7）这一次，新值将被返回。

4. 异步刷新

异步刷新是一种主动的方式，如果值在 IMDG 中配置的到期时间前被访问，那么这些频繁访问的值在 IMDG 中被自动地、异步地更新，如果值在其到期时间后被访问，那么像同步读一样，值将被同步地从后台存储中读出并且在返回用户之前在 IMDG 中更新。

由于其异步和超前的特征，该方法有较好的读性能，并且在相同值被频繁访问或者被大量用户访问时尤其出色。

在同步读中，数据将从 IMDG 中获取直到过期，与其相比，异步读在数据到期前不停地更新，所以异步读在 IMDG 和后台存储之间的数据不一致性更小。

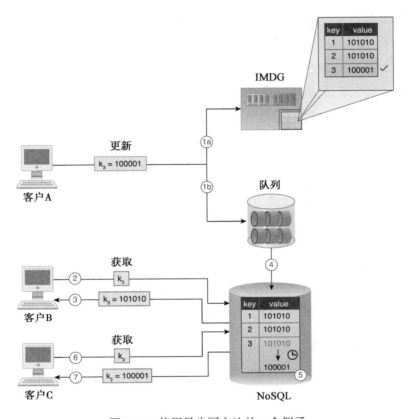

图 7.23　使用异步写方法的一个例子

在图 7.24 中：

1）客户 A 在到期时间前请求 K3。

2）当前值从 IMDG 中返回。

3）值被后台存储更新。

4）在 IMDG 中的值被同步更新。

5）到期时间过后，键 – 值对从 IMDG 中取出。

6）客户 B 请求 K3。

7）因为键不存在于 IMDG 中，它将异步地从后台存储中取出。

8）更新键 – 值对。

9）值被返回给客户 B。

IMDG 存储设备适用于：

❑ 数据需要易于访问的对象形式，且延迟最小。

❑ 存储的数据是非关系型的，例如半结构化和非结构化数据。

❑ 对现有的使用磁盘存储设备的大数据解决方案增加实时支持。

❑ 现有的存储设备不能被替换但是数据访问层可以被修改。

❑ 扩展性比关系型存储更重要，尽管 IMDG 比 IMDB 更容易扩展（IMDB 是功能完全的数据库），IMDG 不支持关系型存储。

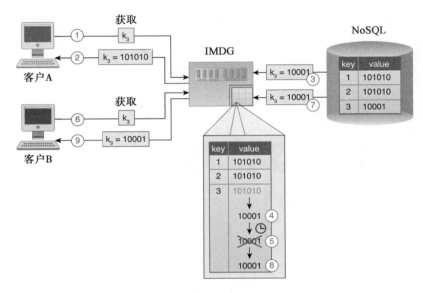

图 7.24　利用异步读方法的 IMDG 的一个例子

IMDG 存储设备的实例包括：Hazelcast、Infinispan、Pivotal GemFire 和 Gigaspaces XAP。

7.2.2　内存数据库

IMDB 是内存存储设备，它采用了数据库技术，并充分利用 RAM 的性能优势，以克服困扰磁盘存储设备的运行延迟问题。图 7.25 是表示 IMDB 的图标。

IMDB

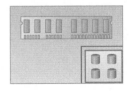

图 7.25　用来代表 IMDB 的标志

在图 7.26 中：

1）关系型数据集被存入 IMDB 中。

2）客户通过 SQL 语句请求顾客记录（id=2）。

3）相关的顾客记录被 IMDB 返回，该过程直接由顾客操作，而不需要任何反序列化手段。

IMDB 在存储结构化数据时，本质上可以是关系型的（关系型 IMDB），也可以利用 NoSQL 技术（非关系型 IMDB）来存储半结构化或非结构化数据。

不像 IMDG 那样通常提供基于 API 的数据访问，关系型 IMDB 利用人们更加熟悉的 SQL 语言，这可以帮助那些缺少高级编程能力的数据分析人员或数据科学家。

174
〜
175

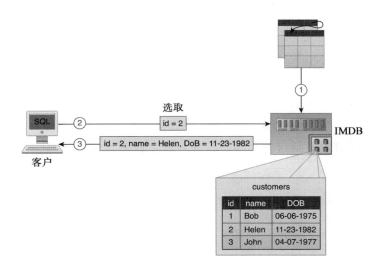

图 7.26　从一个 IMDB 中进行数据检索的一个例子

基于 NoSQL 的 IMDB 通常提供基于 API 的数据访问，这像 put、get、delete 操作一样简单。根据具体实现的不同，有些 IMDB 通过横向扩展的方式，有些通过纵向扩展的方式进行扩展。

并不是所有的 IMDB 实现都直接支持耐用性，而是充分利用不同的策略以应对计算机故障或内存损坏。这些策略包括：

❏ 使用非易失性 RAM（Non-volatile RAM, NVRAM）以持久地存储数据。

❏ 数据库事务日志周期性地存储在非易失性的介质中，如硬盘。

❑ 快照文件，在某个特定的时间记录数据库的状态并存入硬盘。

❑ IMDB 可能利用分片和复制以增加对可用性和可靠性的支持，以作为对耐用性的替代。

❑ IMDB 可以与磁盘存储设备如 NoSQL 数据库和 RDBMS 共同使用，以获得持久存储。

|176|

与 IMDG 一样，IMDB 可能也支持持续性查询，一个以查询感兴趣的数据形式的过滤器注册到 IMDB 中。IMDB 随后用迭代的方式持续地执行查询。当查询的结果随着插入、更新、删除操作而改变时，订阅的用户会随着增加、移除、更新事件被异步地通知，通知中带有记录的值的信息，如旧值和新值。

在图 7.27 中，IMDB 为不同的传感器存储文档数据。

接下来的步骤如下：

1）客户执行持续查询语句（select * from sensors where temperature > 75）。

2）查询语句被注册到 IMDB 中。

3）当任何一个传感器的温度超过 75 华氏度。

4）更新事件被发送到订阅的用户，并包含事件的具体细节。

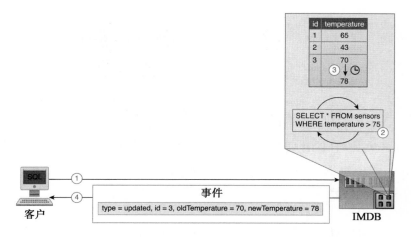

|177|
图 7.27　支持持续查询语句的 IMDB 存储设备的一个例子

IMDB 被主要用于实时分析上，并且可以被进一步地用于开发需要全部 ACID 事务支持（关系型 IMDB）的低延迟的应用。与 IMDG 相比，IMDB 提供了相对容易的设置内存数据存储的选择，因为 IMDB 不总是需要磁盘后端存储设备。

　　向大数据解决方案中引入 IMDB 通常需要取代一些磁盘存储设备，包括 RDBMS。在用关系型 IMDB 取代 RDBMS 的过程中，需要调整的代码很少或者几乎没有，因为关系型 IMDB 提供了 SQL 的支持。但是，当用 NoSQL IMDB 代替 RDBMS 时，因为要实现 IMDB 的 NoSQL API，所以可能需要调整一下代码。

　　当用关系型 IMDB 取代磁盘 NoSQL 数据库时，通常需要调整代码以建立基于 SQL 的数据访问。但是，当用 NoSQL IMDB 代替磁盘 NoSQL 数据库时，可能需要实现新的 API 而改变代码。

　　关系型 IMDB 通常不如 IMDG 那样容易扩展，因为关系型 IMDB 需要提供分布式查询支持和跨集群的事务支持。一些 IMDB 的实现可能从纵向扩展中获益，因为纵向扩展可以帮助解决在横向扩展环境中执行查询或事务带来的延迟。

　　实例包括 Aerospike、MemSQL、Altibase HDB、eXtreme DB 和 Pivotal GemFire XD。

　　IMDB 存储设备适用于：

❑ 需要在内存中存储带有 ACID 支持的关系型数据。
❑ 需要对正在使用磁盘存储的大数据解决方案增加实时支持。
❑ 现有的磁盘存储装置可以被一个内存等效技术来代替。
❑ 需要最小化地改变数据访问层的应用代码，例如当应用包含基于 SQL 的数据访问层时。
❑ 关系型存储比可扩展性更重要时。

|178|

7.3　案例学习

　　ETI 企业的 IT 团队正在评估使用不同的大数据存储技术来存储第 1 章中所提到的数据集。

　　按照数据处理策略，该团队决定使用磁盘存储技术来支持数据批量处理，并且使用内存存储技术以支持实时数据处理。该团队认为需要结合使用分布式文件系统和 NoSQL 数据库以存储在 ETI 企业内部或外部产生的大量原始数据集和经过处理的数据。

　　任何基于行的文本数据，诸如记录由文本的分割线来划分的网络服务器的日志文件，和那些可以以流传输的形式处理的数据集（一个接一个地处理记录，不需要对特定的记录进行随机访问）将会被存储在 Hadoop 的分布式文件系统中（HDFS）。

事件照片需要大量的存储空间并且目前以 BLOB 的形式存储在关系型数据库中，其中的 ID 与事件 ID 相对应，因为这些相片是二进制数据并且需要通过 ID 访问，所以 IT 团队认为应该用键－值数据库存储这些数据。这对于存储事件照片是一个非常廉价的方案，并且可以释放关系型数据库中的空间。

NoSQL 文档数据库被用于存储层次化的数据，其中包括推特数据（JSON）、天气数据（XML）、接线员笔记（XML）、理赔人笔记（XML）、健康记录（HL7 兼容的 XML 记录）和电子邮件（XML）。

当存在一些自然分组的字段，以及相关字段需要被同时访问时，数据将会被保存在 NoSQL 列簇数据库中。例如，顾客描述信息，包含了顾客的个人细节、地址、兴趣爱好和包含多个字段的当前政策字段。另一方面，被处理过的推特数据和天气数据也可以被存储在列簇数据库中，因为这些处理过的数据需要以表格的形式存储，这样单个字段可以被不同的分析性查询访问。

179

第 8 章

大数据分析技术

大数据分析结合了传统统计数据分析方法和计算分析方法。当整个数据集准备好时，从整体中统计抽样的方法是理想的，这是典型的传统批处理场景。然而，出于理解流式数据的需求，大数据可以从批处理转换成实时处理。这些流式数据、数据集不停积累，并且以时间顺序排序。由于分析结果有存储期（保质期），流式数据强调及时处理，无论是识别向当前客户继续销售的机会，还是在工业环境中发觉异常情况后需要进行干预以保护设备或保证产品质量，时间都是至关重要的，分析结果的新鲜度必不可少。

在类似于大数据的，任何快速发展的领域中，创新的机会总是存在的。例如，对于一个给定的分析问题，如何最好地结合统计和计算方法。统计学技术通常是探索性数据分析的优选，之后利用在一个数据集上通过统计学研究获得的启示，使得计算技术得以应用。由此，从批处理到实时的转换带来了其他的挑战，例如实时技术需要利用高效的计算算法。

2003 年，William Agresti 意识到了向计算方法的转变，并论证了一个新计算学科的创立，叫做探索信息学。Agresti 认为这个领域是包含性的，换句话说，他相信探索信息学是几个领域的综合：模式识别（数据挖掘）、人工智能（机器学习）、文件与文本处理（语义处理）、数据库管理和信息储存及检索。Agresti 对数据分析的计算方法的广度及重要性的见解在那时很具有前瞻性，在这件事上，他的观点随着时间流逝，当数据科学作为一门学科出现时得以加强。

找到最佳方法去平衡分析结果的准确性和算法运行的时间是一个挑战。在很多情况下，估值法是有效的。从存储的角度来看，用到了 RAM、固态硬盘和硬盘驱动器的多层存储解决方案可以提供短期灵活性以及具有长期的、高效持久储存的实时分析能力。从长远来看，一个组织将会以两种不同的速度来操作大数据分析引擎：当流数据到来时进行处理，或将数据进行批量分析，通过数据的累计来寻找模式和趋势（表示数据分析的符号如图 8.1 所示）。

本章首先介绍以下基本类型的数据分析技术：

❑ 定量分析

❑ 定性分析

❑ 数据挖掘

❑ 统计分析

❑ 机器学习

❑ 语义分析

❑ 视觉分析

图 8.1　数据分析的符号

8.1　定量分析

定量分析是一种数据分析技术，它专注于量化从数据中发现的模式和关联。基于统计实践，这项技术涉及分析大量从数据集中所得的观测结果。因为样本容量极大，其结果可以被推广，在整个数据集中都适用。图 8.2 描述了定量分析产生数值结果。

定量分析结果是绝对数值型的，因此可以被用在数值比较上。例如，对于冰激凌销量的定量分析可能发现：温度上升 5 度，冰激凌销量提升 15%。

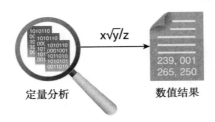

图 8.2　定量分析的结果是数值型的

8.2　定性分析

定性分析是一种数据分析技术，它专注于用语言描述不同数据的质量。相比于定量分析，它涉及分析相对小而深入的样本。由于样本很小，这些分析结果不能被适用于整个数据集中。它们也不能测量数值或用于数值比较。例如，冰激凌销量分析可能揭示了五月份销量图不像六月份一样高。分析结果仅仅说明了"不像它一样高"，而并未提供数字偏差。定性分析的结果是用语言对关系的描述，如图 8.3 所示。

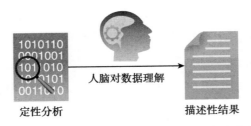

图 8.3　定性结果是描述性的，不能适用于整个数据集

8.3　数据挖掘

数据挖掘，也叫作数据发现，是一种针对大型数据集的数据分析的特殊形式。当提到与大数据的关系时，数据挖掘通常指的是自动的、基于软件技术的、筛选海量数据集来识别模式和趋势的技术。

特别是为了识别以前未知的模式，数据挖掘涉及提取数据中的隐藏或未知模式。数据挖掘形成了预测分析和商务智能的基础。表示数据挖掘的符号如图 8.4 所示。

图 8.4　数据挖掘的符号

8.4 统计分析

统计分析用以数学公式为手段的统计方法来分析数据。统计方法大多是定量的，但也可以是定性的。这种分析通常通过概述来描述数据集，比如提供与数据集相关的统计数据的平均值、中位数或众数。它也可以被用于推断数据集中的模式和关系，例如回归性分析和相关性分析。

本节介绍以下几种形式的统计分析：

❏ A/B 测试
❏ 相关性分析
❏ 回归性分析

8.4.1 A/B 测试

A/B 测试，也被称为分割测试或木桶测试，根据预先定义的标准，比较一个元素的两个版本以确定哪个版本更好。这个元素可以有多种类型，它可以是具体内容，例如网页，或者是提供的产品或者服务，例如电子产品的交易。现有元素版本叫做控制版本，反之改良的版本叫做处理版本。两个版本同时进行一项实验，记录观察结果来确定哪个版本更成功。

尽管 A/B 测试几乎适用于任何领域，它最常被用于市场营销。通常，目的是用增加销量的目标来测量人类行为。例如，为了确定 A 公司网站上冰激凌广告可能的最好布局，使用两个不同版本的广告。版本 A 是现存的广告（控制版本），版本 B 的布局被做了轻微的调整（处理版本）。然后将两个版本同时呈献给不同的用户：

❏ A 版本给 A 组
❏ B 版本给 B 组

结果分析揭示了相比于 A 版本的广告，B 版本的广告促进了更多的销量。

在其他领域，如科学领域，目标可能仅仅是观察哪个版本运行得更好，用来提升流程或产品。A/B 测试适用的样例问题可以为：

❏ 新版药物比旧版更好吗？
❏ 用户会对邮件或电子邮件发送的广告有更好的反响吗？

❑　网站新设计的首页会产生更多的用户流量吗？　

图 8.5 则描述了同时发送不同版本邮件的 A/B 测试样例。

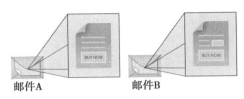

邮件A　　　　　　邮件B

图 8.5　发送两个不同的电子邮件版本作为营销策略，来发现哪一种版本可以带来潜在顾客

8.4.2　相关性分析

相关性分析是一种用来确定两个变量是否互相有关系的技术。如果发现它们有关，下一步是确定它们之间是什么关系。例如，变量 B 无论何时增长，变量 A 都会增长，更进一步，我们可能会探究变量 A 与变量 B 的关系到底如何，这就意味着我们也想分析变量 A 增长与变量 B 增长的相关程度。

利用相关性分析可以帮助形成对数据集的理解，并且发现可以帮助解释一个现象的关联。因此相关性分析常被用来做数据挖掘，也就是识别数据集中变量之间的关系来发现模式和异常。这可以揭示数据集的本质或现象的原因。

当两个变量被认为有关时，基于线性关系它们保持一致。这就意味着当一个变量改变，另一个变量也会恒定地成比例地改变。

相关性用一个 –1 到 +1 之间的十进制数来表示，它也被叫做相关系数。当数字从 –1 到 0 或从 +1 到 0 改变时，关系程度由强变弱。

图 8.6 描述了 +1 的相关性，表明两个变量之间呈正相关关系。

图 8.7 描述了 0 的相关性，表明两个变量之间没有关系。

图 8.8 描述了 –1 的相关性，表明两个变量之间呈负相关关系。　

例如，经理们认为冰激凌商店需要在天气热的时候存储更多的冰激凌，但是不知道要多存多少。为了确定天气和冰激凌销量之间是否存在关系，分析师首先对出售的冰激凌数量和温度记录用了相关性分析，得出的值为 +0.75，表明两者之间确实存在正相关，这种关系表明当温度升高，冰激凌卖得更好。

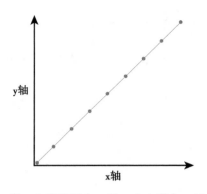

图 8.6 当一个变量增大，另一个也增大，反之亦然

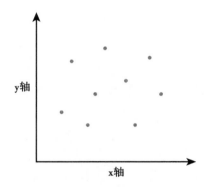

图 8.7 当一个变量增大，另一个保持不变或者无规律地增大或者减少

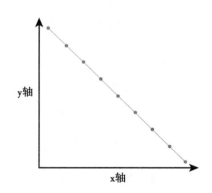

图 8.8 当一个变量增大，另一个减小，反之亦然

相关性分析适用的样例问题可以为：

❑ 离大海的距离远近会影响一个城市的温度高低吗？

❑ 在小学表现好的学生在高中也会同样表现很好吗？

❑ 肥胖症和过度饮食有怎样的关联？

8.4.3　回归性分析

回归性分析技术旨在探寻在一个数据集内一个因变量与自变量有着怎样的关系。在一个示例场景中，回归性分析可以帮助确定温度（自变量）和作物产量（因变量）之间存在的关系类型。

利用此项技术帮助确定自变量变化时，因变量的值如何变化。例如，当自变量增加，因变量是否会增加？如果是，增加是线性的还是非线性的？

例如，为了决定冰激凌店要多备多少库存，分析师通过插入温度值来进行回归性分析。将这些基于天气预报的值作为自变量，将冰激凌出售量作为因变量。分析师发现温度每上升 5 度，就需要 15% 的附加库存。

多个自变量可以同时被测试。然而，在这种情况下，只有一个自变量可能改变，其他的保持不变。回归性分析可以帮助更好地理解一个现象是什么，以及现象是怎么发生的。它也可以用来预测因变量的值。

如图 8.9 所示，线性回归表示一个恒定的变化速率。

如图 8.10 所示，非线性回归表示一个可变的变化速率。

187
～
188

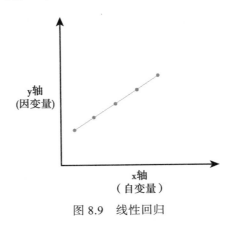

图 8.9　线性回归

其中，回归性分析适用的样例问题可以为：

- ❏ 一个离海 250 英里的城市的温度会是怎样的？
- ❏ 基于小学成绩，一个学生的高中成绩会是怎样的？
- ❏ 基于食物的摄入量，一个人肥胖的几率是怎样的？

回归性分析和相关性分析相互联系，而又有区别。相关性分析并不意味着因果关系。一个变量的变化可能并不是另一个变量变化的原因，虽然两者可能同时变化。这种情况的发生可能是由于未知的第三变量，也被称为混杂因子。相关性假设这两个变量是独立的。

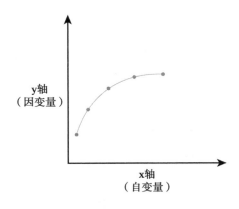

y轴
（因变量）

x轴
（自变量）

图 8.10　非线性回归

然而，回归性分析适用于之前已经被识别作为自变量和因变量的变量，并且意味着变量之间有一定程度的因果关系。可能是直接或间接的因果关系。

在大数据中，相关性分析可以首先让用户发现关系的存在。回归性分析可以用于进一步探索关系并且基于自变量的值来预测因变量的值。

8.5　机器学习

人类善于发现数据中的模式与关系，不幸的是，我们不能快速地处理大量的数据。另一方面，机器非常善于迅速处理大量数据，但它们得知道怎么做。

如果人类知识可以和机器的处理速度相结合，机器可以处理大量数据而不需要人类干涉。这就是机器学习的基本概念。

在本节，通过介绍以下类型的机器学习技术来探究机器学习以及它与数据挖掘的关系：

❑ 分类
❑ 聚类
❑ 异常检测
❑ 过滤

8.5.1　分类（有监督的机器学习）

分类是一种有监督的机器学习，它将数据分为相关的、以前学习过的类别。它包括两个步骤：

1）将已经被分类或者有标号的训练数据给系统，这样就可以形成一个对不同类别的理解。

2）将未知或者相似数据给系统来分类，基于训练数据形成的理解，算法会分类无标号数据。

190

这项技术的常见应用是过滤垃圾邮件。值得一提的是，分类技术可以对两个或者两个以上的类别进行分类。如图 8.11 所示，在一个简化的分类过程中，在训练时将有标号的数据给机器使其建立对分类的理解，然后将未标号的数据给机器，使它进行自我分类。

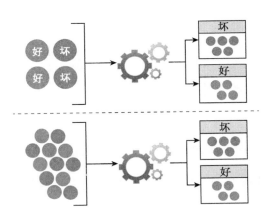

图 8.11　机器学习可以用来自动分类数据集

例如，银行想找出哪些客户可能会拖欠贷款。基于历史数据，编译一个训练数据集，其中包含标记的曾经拖欠贷款的顾客样例和不曾拖欠贷款的顾客样例。将这样的训练数据给分类算法使之形成对"好"或"坏"顾客的认识。最终，使用新的未加标签的客户数据来发现一个给定的客户属于哪个类。

分类适用的样例问题可以为：

❑ 基于其他申请是否被接受或者被拒绝，申请人的信用卡申请是否应该被接受？
❑ 基于已知的水果蔬菜样例，西红柿是水果还是蔬菜？
❑ 病人的药检结果是否表示有心脏病的风险？

8.5.2　聚类（无监督的机器学习）

聚类是一种无监督的学习技术，通过这项技术，数据被分割成不同的组，这样在每组中数据有相似的性质。聚类不需要先学习类别。相反，类别是基于分组数据产生的。数据如何成组取决于用什么类型的算法。每个算法都有不同的技术来确定聚类。

191

聚类常用在数据挖掘上来理解一个给定数据集的性质。在形成理解之后，分类可以被用来更好地预测相似但却是全新或未见过的数据。

聚类可以被用在未知文件的分类以及通过将具有相似行为的顾客分组的个性化市场营销策略上。图 8.12 所示的散点图描述了可视化表示的聚类。

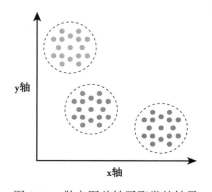

图 8.12　散点图总结了聚类的结果

例如，基于已有的顾客记录档案，一个银行想要给现有顾客介绍很多新的金融产品。分析师用聚类将顾客分类至多组中。然后给每组介绍最适合这个组整体特征的一个或多个金融产品。

聚类适用的样例问题可以为：

❑ 根据树之间的相似性，存在多少种树？
❑ 根据相似的购买记录，存在多少组顾客？
❑ 根据病毒的特性，它们的不同分组是什么？

8.5.3　异常检测

异常检测是指在给定数据集中，发现明显不同于其他数据或与其他数据不一致的数据的过程。这种机器学习技术被用来识别反常、异常和偏差，它们可以是有利

的，例如机会，也可能是不利的，例如风险。 192

异常检测与分类和聚类的概念紧密相关，虽然它的算法专注于寻找不同值。它可以基于有监督或无监督的学习。异常检测的应用包括欺诈检测、医疗诊断、网络数据分析和传感器数据分析。图 8.13 所示的散点图直观地突出了异常值的数据点。

例如，为了查明一笔交易是否涉嫌欺诈，银行的 IT 团队构建了一个基于有监督的学习使用异常检测技术的系统。首先将一系列已知的欺诈交易送给异常检测算法。在系统训练后，将未知交易送给异常检测算法来预测他们是否欺诈。

异常检测适用的样例问题可以为：

❏ 运动员使用过提高成绩的药物吗？
❏ 在训练数据集中，有没有被错误地识别为水果或蔬菜的数据集用于分类任务？
❏ 有没有特定的病菌对药物不起反应？

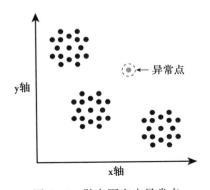

图 8.13 散点图突出异常点

8.5.4 过滤

过滤是自动从项目池中寻找有关项目的过程。项目可以基于用户行为或通过匹配多个用户的行为被过滤。过滤通常通过以下方法被应用：

❏ 协同过滤
❏ 内容过滤 193

过滤常用的媒介是推荐系统。协同过滤是一项基于联合或合并用户过去行为与他人行为的过滤技术。目标用户过去的行为，包括他们的喜好、评级和购买历史等，会被和相似用户的行为所联合。基于用户行为的相似性，项目被过滤给目标用户。

协同过滤仅依靠用户行为的相似性。它需要大量用户行为数据来准确地过滤项目。这是一个大数定律应用的例子。

内容过滤是一项专注于用户和项目之间相似性的过滤技术。基于用户以前的行为创造用户文件，例如，他们的喜好、评级和购买历史。用户文件与不同项目性质之间所确定的相似性可以使项目被过滤并呈现给用户。和协同过滤相反，内容过滤仅致力于用户个体偏好，而并不需要其他用户数据。

推荐系统预测用户偏好并且为用户产生相应建议。建议一般关于推荐项目，例如电影、书本、网页和人。推荐系统通常使用协同过滤或内容过滤来产生建议。它也可能基于协同过滤和内容过滤的混合来调整生成建议的准确性和有效性。

例如，为了实现交叉销售，一家银行构建了使用内容过滤的推荐系统。基于顾客购买的金融产品和相似金融产品性质所找到的匹配，推荐系统自动推荐客户可能感兴趣的潜在金融产品。

过滤适用的样例问题可以为：

❑ 怎样仅显示用户感兴趣的新闻文章？
❑ 基于度假者的旅行史，可以向其推荐哪个旅游景点？
❑ 基于当前的个人资料，可以推荐哪些新用户做他的朋友？

194

8.6 语义分析

在不同的语境下，文本或语音数据的片段可以携带不同的含义，而一个完整的句子可能会保留它的意义，即使结构不同。为了使机器能提取有价值的信息，文本或语音数据需要像被人理解一样被机器所理解。语义分析是从文本和语音数据中提取有意义的信息的实践。

本节描述了以下类型的语义信息：

❑ 自然语言处理
❑ 文本分析
❑ 情感分析

8.6.1 自然语言处理

自然语言处理过程是电脑像人类一样自然地理解人类的文字和语言的能力。这允许计算机执行各种有用的任务，例如全文搜索。

例如，为了提高客户服务的质量，冰激凌公司启用了自然语言处理将客户电话转换为文本数据，之后从中挖掘客户经常不满的原因。

不同于硬编码所需学习规则，有监督或无监督的机器学习被用在发展计算机理解自然语言上。总的来说，计算机的学习数据越多，它就越能正确地解码人类文字和语音。

自然语言处理包括文本和语音识别。对语音识别，系统尝试着理解语音然后行动，例如转录文本。

自然语言处理适用的样例问题可以为：

❑ 怎样开发一个自动电话交换系统，它可以正确识别来电者的口头语言？
❑ 如何自动识别语法错误？
❑ 如何设计一个可以正确理解英语不同口音的系统？

8.6.2 文本分析

相比于结构化的文本，非结构化的文本通常更难分析与搜索。文本分析是专门通过数据挖掘、机器学习和自然语言处理技术去发掘非结构化文本价值的分析文本的应用。文本分析实质上提供了发现，而不仅仅是搜索文本的能力。

通过基于文本的数据中获得的有用的启示，可以帮助企业从大量的文本中对信息进行全面的理解。延续前述自然语言处理问题的例子，转录文本数据使用文本分析来提取关于客户不满的原因的有效信息，来进行更深入的分析。

文本分析的基本原则是，将非结构化的文本转化为可以搜索和分析的数据。由于电子文件数量巨大，电子邮件、社交媒体文章和日志文件增加，企业极大地需要利用从半结构化和非结构化数据中提取的有价值的信息。只分析结构化数据可能导致企业遗漏节约成本或商务扩展机会，尤其对那些顾客至上的公司来说。

文本分析应用包括文档分类和搜索，以及通过从 CRM 系统中提取的数据来建立客户视角的 360 度视图。

文本分析通常包括两步：

1）解析文档中的文本提取：

❑ 专有名词——人，团体，地点，公司。
❑ 基于实体的模式——社会保险号，邮政编码。
❑ 概念——抽象的实体表示。
❑ 事实——实体之间的关系。

2）用这些提取的实体和事实对文档进行分类。

基于实体之间存在关系的类型，提取的信息可以用来执行上下文特定的实体搜索。图 8.14 简单描述了文本分析。

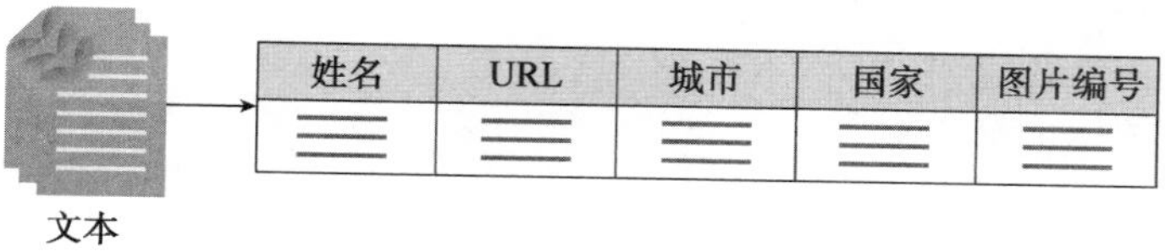

196

姓名	URL	城市	国家	图片编号

图 8.14 使用语义规则，从文本文件中提取并组织实体，以便它们可以被搜索

文本分析适用的样例问题可以为：

❑ 如何根据网页的内容来进行网站分类？
❑ 我怎样才能找到包含我学习内容的相关书籍？
❑ 怎样才能识别包含有保密信息的公司合同？

8.6.3 情感分析

情感分析是一种特殊的文本分析，它侧重于确定个人的偏见或情绪。通过对自然语言语境中的文本进行分析，来判断作者的态度。情感分析不仅提供关于个人感觉的信息，也提供感觉的强度。此信息可以被整合到决策阶段。常见的情感分析包括识别客户的满意或不满，测试产品的成功与失败和发现新趋势。

例如，一个冰激凌公司会想了解哪种口味的冰激凌最受小孩欢迎。仅有销量数据并不提供此信息，因为消费冰激凌的小孩并不一定是冰激凌的买家。情感分析被用于存档客户在冰激凌公司网站留下的反馈来提取信息，尤其是关于小孩对于特定口味偏好的信息。

情感分析适用的样例问题可以为：

❑　如何测量客户对产品新包装的反应？

❑　哪个选手最可能成为歌唱比赛的赢家？

❑　顾客的流失量可以用社交媒体的评论来衡量吗？

197

8.7　视觉分析

视觉分析是一种数据分析，指的是对数据进行图形表示来开启或增强视觉感知。相比于文本，人类可以迅速理解图像并得出结论，基于这个前提，视觉分析成为大数据领域的勘探工具。

目标是用图形表示来开发对分析数据的更深入的理解。特别是它有助于识别及强调隐藏的模式、关联和异常。视觉分析也和探索性分析有直接关系，因为它鼓励从不同的角度形成问题。

本节将描述以下类型的视觉分析：

❑　热点图

❑　时间序列图

❑　网络图

❑　空间数据制图

8.7.1　热点图

对表达模式，通过部分－整体关系的数据组成和数据的地理分布来说，热点图是有效的视觉分析技术。它还能促进识别感兴趣的领域，发现数据集内的极（最大或最小）值。

例如，为了确定冰激凌销量最好和最差的地方，使用热点图来绘制冰激凌销量数据。绿色是用来标识表现最好的地区，而红色是用来标识表现最差的地区。

热点图本身是一个可视化的、颜色编码的数据值表示。每个值是根据其本身的类型和坐落的范围而给定的一种颜色。例如，热点图将值 0～3 分配给黑色，4～6 分配给浅灰色，7～10 分配给深灰色。

热点图可以是图表或地图形式的。图表代表一个值的矩阵，在其中每个网格都是按照值分配的不同颜色，如图 8.15 所示。通过使用不同颜色嵌套的矩形，表示不同等级值。

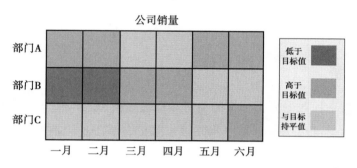

图 8.15　表格热点图描绘了一个公司三个部门在六个月内的销量

如图 8.16 所示，用地图表示地理测量，通过它不同的地区根据同一主题用不同的颜色或阴影表示。地图以各地区颜色／阴影的深浅来表示同一主题的程度深浅，而不是单纯地将整个地区涂上色或以阴影覆盖。

图 8.16　2013 年美国销售额热点图

视觉分析适用的样例问题可以为：

❏ 怎样才能从视觉上识别有关世界各地多个城市碳排放量的模式？

❏ 怎样才能看到不同癌症的模式与不同人种的关联？

❏ 怎样根据球员的长处和弱点来分析他们的表现？

8.7.2　时间序列图

时间序列图可以分析在固定时间间隔记录的数据。这种分析充分利用了时间序列，这是一个按时间排序的、在固定时间间隔记录的值的集合。例如一个包含每月月末记录的销售图的时间序列。

时间序列分析有助于发现数据随时间变化的模式。一旦确定，这个模式可以用于未来的预测。例如，为了确定季度销售模式，每月按时间顺序绘制冰激凌销售图，它会进一步帮助预测下月销售图。

通过识别数据集中的长期趋势、季节性周期模式和不规则短期变化，时间序列分析通常用来做预测。不像其他类型的分析，时间序列分析用时间作为比较变量，且数据的收集总是依赖于时间。

时间序列图通常用折线图表示，x 轴表示时间，y 轴纪录数据值，如图 8.17 所示。

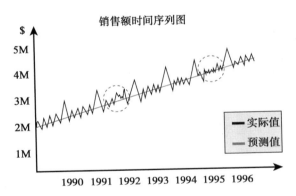

图 8.17　折线图描绘了从 1990～1996 年的销售额时间序列

图 8.17 的时间序列跨过了 7 个年头。在每年年末平均分布的波峰显示了季节性周期模式，如圣诞销售。虚线圆圈表示短期不规则变化。浅灰色线显示了一个上升趋势，表明销售增加。

时间序列图适用的样例问题可以为：

❏ 基于历史产量数据，农民应该期望多少产量？

❏ 未来 5 年预期人口上涨是多少？

❏ 当前销量的下降是一次性地发生还是会有规律地发生？

8.7.3 网络图

在视觉分析中，一个网络图描绘互相连接的实体。一个实体可以是一个人，一个团体，或者其他商业领域的物品，例如产品。实体之间可能是直接连接，也可能是间接连接。有些连接可能是单方面的，所以反向遍历是不可能的。

网络分析是一种侧重于分析网络内实体关系的技术。它包括将实体作为节点，用边连接节点。有专门的网络分析的方法，如：

❑ 路径优化

❑ 社交网络分析

❑ 传播预测，比如一种传染性疾病的传播

以下是一个简单的例子，基于冰激凌销量的网络分析中路径优化的应用。

有些冰激凌店的经理经常抱怨卡车从中央仓库到遥远地区的商店的运输时间。天热的时候，从中央仓库运到偏远地区的冰激凌会化掉，无法销售。为了最小化运输时间，用网络分析来寻找中央仓库与遥远的商店直接最短路径。

如图 8.18 中所示，社交网络图即是社交网络分析的一个简单的例子。

❑ John 有许多朋友，Alice 只有一个朋友。

❑ 社交网络分析结果显示 Alice 可能会和 John 和 Katie 做朋友，因为他们有共同的好友 Oliver。

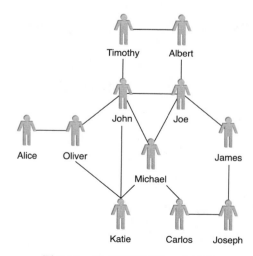

图 8.18 社交网络图的一个例子

网络图适用的样例问题可以为：

- ❑ 在一大群用户中如何才能确定影响力？
- ❑ 两个个体通过一个祖先的长链而彼此相关吗？
- ❑ 如何在大量的蛋白质之间的相互作用中确定反应模式？

8.7.4　空间数据制图

空间或地理空间数据通常用来识别单个实体的地理位置，然后将其绘图。空间数据分析专注于分析基于地点的数据，从而寻找实体间不同地理关系和模式。

空间数据通过地理信息系统（GIS）被操控，它利用经纬坐标将空间数据绘制在图上。GIS 提供工具使空间数据能够互动探索。例如，测量两点之间的距离或用确定的距离半径来画圆确定一个区域。随着基于地点的数据的不断增长的可用性，例如传感器和社交媒体数据，可以通过分析空间数据，然后洞察位置。 202

例如，企业策划扩张更多的冰激凌店，要求两个店铺间隔不得小于 5 千米，以避免出现两店竞争的状况。空间数据用来绘制现存店铺位置，然后确定新店铺的最佳位置，距离现有店铺至少 5 千米远。

空间数据分析的应用包括操作和物流优化，环境科学和基础设施规划。空间数据分析的输入数据可以包含精确的地址（如经纬度），或者可以计算位置的信息（如邮政编码和）IP 地址。

此外，空间数据分析可以用来确定落在一个实体的确定半径内的实体数量。例如，一个超市用空间分析进行有针对性的营销，如图 8.19 所示。位置是从用户的社交媒体信息中提取的，根据用户是否接近店铺来试着提供个性化服务。

空间数据图适用的样例问题可以为：

- ❑ 由于公路扩建工程，多少房屋会受影响？
- ❑ 用户到超市有多远的距离？
- ❑ 基于从一个区域内很多取样地点取出的数据，一种矿物的最高和最低浓度在哪里？

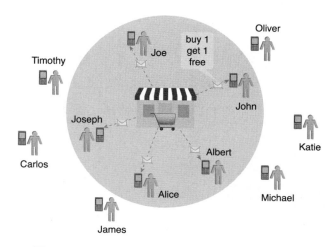

图 8.19 空间数据分析可以用来做有针对性的营销

8.8 案例学习

ETI 企业目前同时使用定性分析和定量分析。精算师通过不同统计技术的应用进行定量分析，例如概率、平均值、标准偏差和风险评估的分布。另一方面，承保阶段使用定性分析，其中一个单一的应用程序进行了详细筛选，从而得到风险水平低、中或高的想法。然后，索赔评估阶段分析提交的索赔，为确定此声明是否为欺诈提供参考。现阶段，ETI 企业的分析师不执行过度的数据挖掘。相反，他们大部分的努力都面向通过 EDW 的数据执行商务智能。

IT 团队和分析师用了广泛的分析技术发现欺诈交易，这是大数据分析周期中的一部分。在此介绍以下应用技术。

8.8.1 相关性分析

目前值得一提的是，大量欺诈保险索赔发生在刚刚购买保险之后。为了验证它，相关性分析被应用在保险的年份与欺诈索赔的数目。–0.80 的结果显示两个变量之间确实存在关系：随着保险时间增长，欺诈的数目减少。

8.8.2 回归性分析

基于上文的发现，分析师想要找到基于保险年份，多少欺诈索赔被提交，因为这个信息将会帮助他们决定提交的索赔是骗保欺诈的几率。相应地，回归性分析技术设定保险年份为自变量，欺诈保险索赔为因变量。

8.8.3　时间序列图

　　分析师想查明欺诈索赔是否与时间有关。他们对是否存在欺诈索赔数目增加的特定时期尤其感兴趣。基于每周记录的欺诈索赔的数目，产生过去 5 年欺诈索赔的时间序列。时间序列图的分析能够揭示一个季节性的趋势，在假期之前，欺诈索赔增加，一直到夏天结束。这些结果表明消费者为了有资金度过假期而进行欺诈索赔，或在假期之后，他们通过骗保来升级他们的电子产品以及其他物品。分析师还发现一些短期的不规则的变化，仔细观察后，发现它们和灾难有关，例如洪水、暴风。长期趋势显示欺诈索赔数目在未来很有可能增加。

8.8.4　聚类

　　虽然所有的欺诈索赔都不一样，但是分析师对查明欺诈索赔之间的相似性很有兴趣。基于很多性质，如客户年龄、保险时间、性别、曾经索赔数目和索赔频率，聚类技术被用于聚合不同的欺诈索赔。

8.8.5　分类

　　在分析结果利用阶段，利用分类分析技术开发模型来区分合法的索赔和欺诈索赔。为此，首先使用历史索赔数据集来训练该模型，在这个过程中，每个索赔都被标上合法或欺诈的标号。一旦训练完毕，将模型在线上使用，新提交的、未标号的索赔将被分类为合法的或欺诈性的。

案 例 结 论

ETI 企业已经成功开发了"欺诈索赔探测"解决方法，它给 IT 团队在大数据存储和分析领域提供了经验和信心。更重要的是，他们明白他们所实现的只是高级管理建立的关键目标的一部分，很多项目仍旧需要完成：完善新保险申请的风险评估，实行灾难管理以减少灾难相关的索赔，通过提供更有效的索赔处理和个性化的保险政策，最终实现全面的合规性来减少客户流失。

明白"成功孕育成功"，公司创新经理需要在待办项目中考虑优先处理的项目，通知 IT 团队他们下一步将要解决现存的导致索赔进程缓慢的效率问题。虽然 IT 团队正忙着学习大数据知识来为欺诈探测提供解决方法，创新经理组织了一个商业分析师团队，记录和分析这些索赔业务处理流程。这些过程模型将用于驱动一个将要用 BPMS 实施的自动化项目。创新经理选择了这个作为下一个目标，因为他们想从欺诈探测模型中产生最大价值。当它在过程自动化框架内部被调用时，就会实现，这将允许训练数据的进一步集合，推动有监督的机器学习方法逐步完善，使索赔分类为合法或欺诈。

实现流程自动化的另一个优点是工作本身的标准化。如果理赔审查员都要强制遵循相同的索赔处理程序，客户服务的差异应该下降，这将会帮助 ETI 企业的顾客极大地获取信心，他们的索赔将会被正确地处理。虽然这是非直接的收益，但是这使人认识到一个事实，正是通过 ETI 企业的商业处理，使顾客感受到了他们与 ETI 企业之间关系的价值。虽然 BPMS 本身并不是一个大数据计划，它会产生巨大数量的数据，像与端对端处理时间相关的，个人活动的停留时间和个体员工处理索赔的业务量。这些数据可以被收集、挖掘以发现有趣的关系，尤其是当与客户数据相结合时。

知道客户流失程度是否与索赔处理时间有关是很有价值的。如果是，一个回归模型会被开发来预测哪些客户有流失的危险，然后提前让客户服务人员主动联系他们。

通过组织反应的测定与分析建立一个良性循环的管理行动，ETI 企业正在由此寻求日常操作的提升。管理团队发现视组织为有机体而不是机器很有用。这种观点允许一种标准的转移，不仅鼓励内部数据的深层分析，也需要实现吸收外部数据。ETI 企业曾经不得不尴尬地承认他们最初用 OLTP 系统的描述性分析来管理企业。现在，更广泛的视角分析和商务智能使得他们更有效地使用 EDW（企业级数据仓库）和 OLAP（联机分析处理）功能。实际上，ETI 企业有能力去检查客户的根基，无论是海洋、航天还是房地产业务，这使得公司确定很多用户对轮船、飞机和高端豪华酒店有单独的保险。这样的洞察能力开辟了新的营销策略和客户的销售机会。

此外，ETI 企业的前景看上去很光明，因为公司启用了数据驱动决策。既然体验到了诊断性和预测性分析的好处，公司管理层正考虑使用规范性分析来实现风险规避的目标。ETI 企业逐渐地利用大数据作为手段来使商业与 IT 保持一致，这些都带来了难以置信的好处。ETI 企业的执行团队一致认为大数据是一件大事，随着 ETI 企业恢复盈利，他们希望股东也会有同样的想法。

索　　引

索引中的页码为英文原书页码，与书中页边标注的页码一致。

A

A/B testing（A/B 测试），185-186

ACID database design（ACID 的数据库设计），108-112

acquisition of data（Big Data analytics lifecycle）（数据获取（大数据分析的生命周期）），58-60

case study（案例学习），74

active querying（活跃查询），168

ad-hoc reporting（即席报表），82

affordable technology, as business motivation for Big Data（大数据的商业动机——可行技术），38-39

aggregation of data（Big Data analytics lifecycle）（数据聚合（大数据分析的生命周期）），64-66

case study（案例学习），75

in data visualization tools（在数据可视化工具中的体现），86

algorithm design in MapReduce（"映射 – 归约"模型的算法设计），134-137

analysis，参照 data analysis

analytics，参照 data analytics

architecture，参照 business architecture

atomicity in ACID database design（ACID 数据库设计中的原子性），109

availability in CAP theorem（CAP 原理中的可用性），106

B

BADE（Business Application Development Environment）（商务应用开发环境），36

BASE database design（BASE 数据库设计），113-116

basically available in BASE database design（BASE 数据库设计中的基本可用性），114

batch processing（批处理），123-125

case study（案例学习），143-144

data analysis and（数据分析与），182-183

with MapReduce（利用"映射 – 归约"模型的批处理），135-137

algorithm design（算法设计），135-137

combine stage（合并模块），127-128

divide-and-conquer principle（分治原理），134-135

example（一个例子），133

map stage（映射模块），127

partition stage（分区模块），129-130

reduce stage（归约模块），131-132

shuffle and sort（洗牌和排序），130-131

terminology（专业术语），126

BI（Business Intelligence）（商务智能）

Big Data BI（大数据商务智能），84-85

case study（案例学习），87-88

data visualization tools（数据可视化工具），84-86

case study（案例学习），25

defined（定义），12

marketplace dynamics and（市场动态与商务智能），31

traditional BI（传统商务智能），82

ad-hoc reporting（即席报表），82

dashboards（仪表板），82-83

Big Data（大数据）

analytics lifecycle（大数据分析生命周期），55

Business Case Evaluation stage（商业案例评估），56-57

case study（案例学习），73-76

Data Acquisition and Filtering stage（数据获取与过滤），58-60

Data Aggregation and Representation stage（数据聚合与表示），64-66

Data Analysis stage（数据分析），66-67

Data Extraction stage（数据提取），60-62

Data Identification stage（数据识别），57-58

Data Validation and Cleansing stage（数据验证与数据清理），62-64

Data Visualization stage（数据可视化），68

Utilization of Analysis Results stage（分析结果的利用），69-70

characteristics（数据特征），13

case study（案例学习），26-27

value（数据价值），16-17

variety（数据多样性），15,154

velocity（数据速率），14-15,137,154

veracity（数据真实性），16

volume（数据容量），14,154

defined（定义），4-5

processing，参照 data processing

terminology（专业术语），5-13

case study（案例学习），24-25

types of data（data formats）（数据类型），17-18

case study（案例学习），27

metadata（元数据），20

semi-structured data（半结构化数据），19-20

structured data（结构化数据），18

unstructured data（非结构化数据），19

Big Data BI（Business Intelligence）（大数据商务智能），84-85

case study（案例学习），87-88

data visualization tools（数据可视化工具），84-86

BPM（Business Process Management）（业务流程管理）

as business motivation for Big Data（作为大数据的商业动机），36-37

case study（案例学习），43-44

BPMS（Business Process Management Systems）（业务流程管理系统），36

bucket testing（木桶测试），185-186

Business Application Development Environment（BADE）（商务应用开发环境），36

business architecture（商务架构）

as business motivation for Big Data（作为大数据的商业动机），33-35, 78

case study（案例学习），44

Business Case Evaluation stage（Big Data analytics lifecycle）（商务案例评估（大数据分析的生命周期）），56-57

case study（案例学习），73-74

Business Intelligence（BI），参照 BI（Business Intelli-gence）

business motivation and drivers（商业动机和驱动）

business architecture（商务架构），33-35, 78

business process management（BPM）（商务管理流程），36-37

case study（案例学习），43-45

information and communication technology（ICT）（信息与通信技术），37

affordable technology（可行的技术），38-39

cloud computing（云计算），40-42

data analytics and data science（数据分析与数据科学），37

digitization（数字化），38

hyper-connection（超连通性），40

social media（社会媒体），39

Internet of Everything（IoE）（万物互联网），42-43

marketplace dynamics（市场动态），30-32

Business Process Management（BPM）（商务流程管理）

as business motivation for Big Data（作为大数据的商业动机），36-37

case study（案例学习），43-44

Business Process Management Systems（BPMS）（商务流程管理系统），36

C

CAP（Consistency, Availability and Partition tolerance）theorem（CAP 原理），106-108

case studies, ETI（Ensure to Insure）（案例学习，ETI 保险公司）

background（背景），20-24

Big Data anlytics lifecycle（大数据分析的生命周期），73-76

Big Data BI（Business Intelligence）（大数据商务智能），87-88

Big Data characteristics（大数据特征），26-27

business motivation and drivers（大数据商业动机和驱动），43-45

conclusion（总结），207-209

data analysis（数据分析），204-205

data formats（数据格式），27

data processing（数据处理），143-144

enterprise technologies（企业级技术），86-87

planning considerations（规划考虑），71-73

storage devices（存储设备），179

storage technologies（存储技术），117-118

terminology（专业术语），24-25

types of analytics（分析的种类），25

CEP（complex event processing）（复杂事务处理），141

classification（分类（有监督的机器学习）），190-191

    case study（案例学习），205

cleansing data（Big Data analytics lifecycle）（数据清理（大数据分析的生命周期）），62-64

    case study（案例学习），75

cloud computing（云计算）

    as business motivation for Big Data（作为大数据的商业动机），40-42

    planning considerations for（为云计算做规划考虑），54

clustering（聚簇（无监督的机器学习）），191-192

    case study（案例学习），205

clusters（集群），93

    in data processing（数据处理中的集群），124

    in RDBMSs RDBMSs（中的集群），149

collaborative filtering（协同过滤算法），194

column-family NoSQL storage（NoSQL 数据库中的列簇存储），155,159-160

commodity hardware，as business motivation for Big Data（大数据的商业动机——硬件商品），38-39

combine stage（MapReduce）（"映射 – 归约"模型中的结合阶段），127-128

complex event processing（CEP）（复杂事务处理），141

computational analysis，statistical analysis versus（计算分析与统计分析），182-183

confirmatory analysis（验证分析），66-67

confounding factor（混合因子），189

consistency（一致性）

    in ACID database design ACID（数据库设计中的一致性），110

    in BASE database design BASE（数据库设计中的一致性），115-116

    in CAP theorem CAP（原理中的一致性），106

    in SCV principle SCV（原则中的一致性），138

Consistency，Availability and Partition tolerance（CAP）（CAP 原理），106-108

content-based filtering（基于内容的过滤），194

continuous querying（连续查询），168

correlation（相关性分析），186-188

    case study（案例学习），204

    regression versus（与回归分析的比较），189-190

Critical Success Factors（CSFs）in business architectures（商务架构中的关键成功因素）

D

dashboards（仪表板），82-83

data（数据）

    defined（定义），31

    in DIKW pyramid DIKW（金字塔中的数据），32

Data Acquisition and Filtering stage（Big Data analytics lifecycle）（数据获取与过滤（大数据分析的生命周期）），58-60

    case study（案例学习），74

Data Aggregation and Representation stage（Big Data analytics lifecycle）（数据聚合与表示（大数据分析的生命周期）），64-66

    case study（案例学习），75

data analysis（数据分析）

    case study（案例学习），204-205

data mining（数据挖掘），184

defined（定义），6

machine learning（机器学习），190

classification（分类），190-191

clustering（聚簇），191-192

filtering（过滤），193-194

outlier detection g（异常点检测），192-193

qualitative analysis（定性分析），184

quantitative analysis（定量分析），183

realtime support（实时支持），52

semantic analysis techniques（语义分析技术）

natural language processing（自然语言处理），195

sentiment analysis（情感分析），197

text analytics（文本分析），196-197

statistical analysis techniques（统计分析技术），184

A/B testing A/B（测试），185-186

computational analysis versus（计算分析与统计分析），182-183

correlation（相关性分析），186-188

regression（回归分析），188-190

visual analysis techniques（可视分析技术），198

heat maps（热点图），198-200

networks graphs（网络图），201-202

spatial data mapping（空间数据映射），202-204

time series plots（时间序列图），200-201

Data Analysis stage（Big Data analytics lifecycle）（数据分析（大数据分析的生命周期）），66-67

case study（案例学习），75

data analytics（数据分析学）

as business motivation for Big Data（作为大数据的商业动机），37

case study（案例学习），25

defined（定义），6-8

descriptive analysis defined（描述性分析的定义），8

diagnostic analysis defined（诊断性分析的定义），9-10

enterprise technologies（企业级技术）

case study（案例学习），86-87

data marts（数据市场），81

data warehouse（数据仓库），80

ETL（Extract Transform Load）（数据的提取、转换和加载技术），79

OLAP（online analytical processing）（联机分析处理），79

OLTP（online transaction processing）（联机事务处理），78

lifecycle（生命周期），55

Business Case Evaluation stage（商务案例分析），56-57

case study（案例学习），73-76

Data Acquisition and Filtering stage（数据获取与过滤），58-60

Data Aggregation and Representation stage（数据聚合与表示），64-66

Data Analysis stage（数据分析），66-67

Data Extraction stage（数据提取），60-62

Data Identification stage（数据识别），57-58

Data Validation and Cleansing stage（数据验证与数据清理），62-64

Data Visualization stage（数据可视化），68

Utilization of Analysis Results stage（分析结果的利用），69-70

predictive analysis defined（预测性分析的定义），10-11

prescriptive analysis defined（规范性分析的定义），11-12

databases（数据库）

IMDBs，175-178

NewSQL，163

NoSQL，152

data characteristics（数据特征），152-153

rationale for NoSQL（数据库的使用缘由），153-154

types of devices（设备类型），154-162

RDBMSs（数据库），149-152

data discovery（数据发现），184

Data Extraction stage（Big Data analytics lifecycle）（数据提取（大数据分析的生命周期）），60-62

case study（案例学习），74

data formats（数据格式），17-18

   case study（案例学习），27

   metadata（元数据），20

   semi-structured data（半结构化数据），19-20

   structured data（结构化数据），18

   unstructured data（非结构化数据），19

Data Identification stage（Big Data analytics lifecycle）（数据识别（大数据分析的生命周期）），57-58

   case study（案例学习），74

data marts（数据市场），81

   traditional BI and(传统商务智能与数据市场)，82

data mining（数据挖掘），184

data parallelism（数据并行），135

data processing（数据处理），120

   batch processing（批处理），123-125

     with MapReduce（利用"映射-归约"模型的批处理），125-137

   case study（案例学习），143-144

   clusters（集群），124

   distributed data processing（分布式数据处理），121

   Hadoop，122

   parallel data processing（并行数据处理），120-121

   realtime mode（实时模式），137

     CEP（complex event processing）（复杂事务处理），141

     ESP（event stream processing）(事务流处理)，140

     MapReduce（"映射-归约"模型），142-143

     SCV（speed consistency volume）principle（"速度、一致性、容量"原则），137-142

   transactional processing（事务处理），123-124

   workloads（工作量），122

   data procurement, cost of（数据采购以及花费），49

   data provenance , tracking（数据起源以及追溯），51-52

data science , as business motivation for Big Data（大数据的商业动机——数据科学），37

datasets , defined（数据集定义），5-6

Data Validation and Cleansing stage（Big Data analytics lifecycle）（数据验证与数据清理（大数据分析的生命周期）），62-64

   case study（案例学习），75

Data Visualization stage（Big Data analytics lifecycle）（数据可视化（大数据分析的生命周期）），68

   in Big Data BI（大数据商务智能中的数据可视化），84-86

   case study（案例学习），76

data warehouses（数据仓库），80

   Big Data BI and（大数据商务智能与数据仓库），84-85

   traditional BI and(传统商务智能与数据仓库)，82

data wrangling（数据整理），92

descriptive analytics（描述性分析）

   case study（案例学习），25

   defined（定义），8

diagnostic analytics,（诊断性分析）

   case study（案例学习），25

   defined（定义），9-10

digitization, as business motivation for Big Data（大数据的商业动机——数字化），38

DIKW pyramid（DIKW 金字塔），32

   alignment with business architecture（与商务结构对应），34,78

discovery informatics（发现信息学），182

distributed data processing（分布式数据处理），121

distributed file systems（分布式文件系统），93-94,147-148

divide-and-conquer principle（MapReduce）（"映射-归约"模型中的分治原理），134-135

document NoSQL storage（NoSQL 数据库中的文件存储），155-158

drill-down in data visualization tools（数据可视化工具中的向下挖掘），86

durability in ACID database design（ACID 数据

库设计中的持久性），111-112

E

edges（in graph NoSQL storage）（NoSQL 数据库中的图存储的边），161-162

Ensure to Insure（ETI）case study，参照 case studies, ETI（Ensure to Insure）

Enterprise technologies for analytics（数据分析的企业级技术）

  case study（案例学习），86-87

  data marts（数据市场），81

  data warehouse（数据仓库），80

  ETL（Extract Transform Loads）（抽取、转换和加载技术），79

  OLAP（online analytical processing）（联机分析处理），79

  OLTP（online transaction processing）（联机事务处理），78

ESP（event stream processing）（事件流处理），104

ETI（Ensure to Insure）case study，参照 case studies，ETI（Ensure to Insure）

ETL（Extract Transform Load）（抽取、转换和加载技术），79

evaluation of business case（Big Data analytics lifecycle）（商务案例评估（大数据分析的生命周期）），56-57

  case study（案例学习），73-74

Event processing，参照 realtime mode

event stream processing（ESP）（事务流处理），104

eventual consistency in BASE database design（BASE 数据库设计中的最终一致性），115-116

exploratory analysis（探索性分析），66-67

extraction of data（Big Data analytics lifecycle）（数据提取（大数据分析的生命周期）），56-57

  case study（案例学习），74

Extract Transform Load（ETL）（抽取、转换和加载技术），79

F

fault tolerance in clusters（集群中的容错），125

feedback loops（反馈环）

  in business architecture（商务架构中的反馈环），35

  methodology（方法学中的反馈环），53-54

files（文件），93

file systems（文件系统），93

filtering of data（Big Data analytics lifecycle）（数据过滤（大数据分析的生命周期）），58-60,193-194

  case study（案例学习），74

  in data visualization tools（数据可视化工具中的数据过滤），86

G-H

Geographic Information System（GIS）（空间地理信息系统），202

governance framework（治理框架），53

graphic data representations，参照 visual analysis techniques

graph NoSQL storage（NoSQL 数据库中的图存储），155,160-162

Hadoop（一个分布式系统的基础架构），122

heat maps（热点图），198-200

horizontal scaling（水平扩展），95

in-memory storage,（内存存储），165

human-generated data（认为产生的数据），17

hyper-connection as business motivation for Big Data（大数据的商业动机——超连通性），40

I

ICT（information and communications technology）（信息通信技术）

  as business motivation for Big Data（作为大数据的商业动机），37

    affordable technology（可行的技术），38-39

    cloud computing（云计算），40-42

    data analytics and data science（数据分析学与数据科学），37

    digitization（数字化），38

    hyper-connection（超连通性），40

    social media（社会媒体），39

    case study（案例学习），44-45

identification of data（Big Data analytics lifecycle）（数据识别（大数据分析的生命周期）），57-58

  case study（案例学习），74

IMDBs（in-memory databases）（内存数据库），175-178

IMDGs（in-memory data grids）（内存数据网格），166-175

  read-through approach（同步读），170-171

  refresh-ahead approach（异步刷新），172-174

  write-behind approach（异步写），172-173

  write-through approach（同步写），170-171

information（信息）

  defined（定义），31

  in DIKW pyramids（在 DIKW 金字塔中的信息），32

information and communication technology（ICT），参照 ICT（information and communications technology）

in-memory storage devices（内存存储设备），163-166

  IMDBs，175-178

  IMDGs，166-175

innovation，transformation versus（创新与转型），48

interactive mode（交互式），137

Internet of Things（IoT）（物联网），42-43

Internet of Everything（IoE），as business motivation of Big Data（大数据的商业动机——万物互联），42-43

isolation in ACID database design（ACID 数据库设计中的隔离性），110-111

J-K

jobs（MapReduce）（"映射 – 归约"模型中的进程），126

key-value NoSQL storage（NoSQL 数据库中的键 – 值存储），155-157

knowledge（知识）

  defined（定义），31

  in DIKW pyramid 在 DIKW（金字塔中的知识），32

KPIs（key performance indicators）（关键绩效指标）

  in business architecture（在商务架构中的关键绩效指标），33,78

case study（案例学习），25

L-M

latency in RDBMSs（关系数据库管理系统中的延迟），152

linear regression（线性回归），188

machine-generated data（机器生成的数据），17-18

machine learning（机器学习），190

  classification（分类），190-191

  clustering（聚簇），191-192

  filtering（过滤），193-194

  outlier detection（异常点检测），192-193

managerial level（管理层），33-35,78

MapReduce（"映射 – 归约"模型），125-126

  algorithm design（算法设计），135-137

  case study（案例学习），143-144

  combine stage（合并模块），127-128

  divide-and-conquer principle（分治原理），134-135

  example（一个例子），133

  map stage（映射模块），127

  partition stage（分组模块），129-130

  realtime processing（实时处理），142-143

  reduce stage（归约模块），131-132

  shuffle and sort（洗牌和排序），130-131

  terminology（专业术语），126

map stage（MapReduce）（"映射 – 归约"模型中的映射模块），127

map tasks（MapReduce）（"映射 – 归约"模型中的映射任务），126

marketplace dynamics，as business motivation for Big Data（大数据的商业动机——市场动态），30-32

master-slave replication（主从式复制），98-100

  combining with sharding（与分片技术的结合），104

mechanistic management view，organic management view versus（机械化管理与有机化管理），30

memory，参照 in-memory storage devices

metadata（元数据）

  case study（案例学习），27

  in Data Acquisition and Filtering stage（Big

Data analytics lifecycle)(大数据分析的生命周期中数据获取与过滤阶段的元数据), 60

defined (定义), 20

methodologies for feedback loops (反馈环的方法), 53-54

N

natural language processing (自然语言处理), 195

network graphs (网络图), 201-202

NewSQL (一类新式关系式数据库), 163

noise, defined (噪声的定义), 16

non-linear regression (非线性回归), 188

NoSQL (非关系型的数据库), 94,152

characteristics (特征), 152-153

rationale for NoSQL (数据库的使用缘由), 153-154

types of devices (设备类型), 154-162

column-family (列簇), 159-160

document (文件), 157-158

graph (图), 160-162

key-value (键－值), 156-157

O

offline processing, 参照 batch processing

OLAP (online analytical processing)(联机分析处理), 79

OLTP (online transaction processing)(联机事务处理), 78

on-disk storage devices (磁盘存储设备), 147

databases (数据库)

NewSQL, 163

NoSQL, 152-162

RDBMSs, 149-152

distributed file systems (分布式文件系统), 147-148

online analytical processing (OLAP)(联机分析处理), 79

online processing (联机处理), 123-124

online transaction processing (OLTP)(联机事务处理), 78

operational level of business (执行层), 33-35,78

optimistic concurrency (乐观并发), 101

organic management view, mechanistic management view versus (有机化管理与机械化管理), 30

organization prerequisites for Big Data adoption (组织使用大数据的先决条件), 49

outlier detection (异常点检测), 192-193

P

parallel data processing (并行数据处理), 120-121

partition stage (MapReduce)("映射－归约"模型中的分区模块), 129-130

partition tolerance in CAP theorem (CAP 原理中的分区容错性), 106

peer-to-peer replication (对等式复制) 100-102

combining with sharding (与分片技术的结合), 105

performance (性能)

considerations (性能的考虑), 53

KPIs, 参照 KPIs (key performance indicators)

sharding and (分片技术与性能), 96

Performance Indicators (PIs) in business architecture (商务架构中的绩效指标), 33

pessimistic concurrency (悲观并发), 101

planning consideration (规划考虑), 48

Big Data analytics lifecycle (大数据分析生命周期), 55

Business Case Evaluation stage (商务案例评估), 56-57

case study (案例学习), 73-76

Data Acquisition and Filtering stage (数据获取与过滤), 58-60

Data Aggregation and Representation stage (数据聚合与表示), 64-66

Data Analysis stage (数据分析), 66-67

Data Extraction stage (数据提取), 60-62

Data Identification stage (数据识别), 57-58

Data Validation and Cleansing stage (数据验证与数据清理), 62-64

Data Visualization stage (数据可视化), 68

Utilization of Analysis Results stage (分析结果的利用), 69-70

case study (案例学习), 71-73

cloud computing (云计算), 54

data procurement ,cost of (数据采购与花费), 49

feedback loop methodology（反馈环的方法），53-54

governance framework（治理框架），53

organization prerequisites（组织先决条件），49

performance（性能），53

privacy concerns（隐私考虑），49-50

provenance（起源），51-52

realtime support in data analysis（数据分析的实时支持），52

security concerns（安全考虑），50-51

predictive analytics（预测分析）

case study（案例学习），25

defined（定义），10-11

prerequisites for Big Data adoption（选择大数据的先决条件），49

prescriptive analytics（规范分析）

case study（案例学习），25

defined（定义），11-12

privacy concerns , addressing（隐私考虑的处理），49-50

processing，参照 data processing

procurement of data , cost of（数据采购与花费），49

provenance , tracking（数据的起源与追溯），51-52

Q-R

qualitative analysis（定性分析），184

quantitative analysis（定量分析），183

RDMBSs（relational database management systems）（关系数据库管理系统），149-152

read-through approach（IMDGs）（内存数据网格中的同步读），170-171

realtime mode（实时模式），137

case study（案例学习），144

CEP（complex event processing）（复杂事务处理），141

data analysis and（数据分析与实时模式），182-183

ESP（event stream processing）（事务流处理），140

MapReduce（"映射－归约"模型），142-143

SCV（speed consistence volume）principle（"速度、一致性、容量"原则），137-142

realtime support in data analysis（数据分析中的实时支持），52

reconciling data（Big Data analytics lifecycle）（数据调和（大数据分析的生命周期）），64-66

case study（案例学习），75

reduce stage（MapReduce）（"映射－归约"模型中的归约模块），131-132

reduce tasks（MapReduce）（"映射－归约"模型中的归约任务），126

redundancy in clusters（簇中的冗余），125

refresh-ahead approach（IMDGs）（内存数据网格中的异步刷新），172-174

regression（回归），188-190

case study（案例学习），204

correlation versus（相关分析与回归分析），189-190

relational database management system（RDBMSs）（关系数据库管理系统），149-152

Replication（同步），97

combining with sharding（与分片技术结合），103

master-slave replication（主从式复制），104

peer-to-peer replication（对等式复制），105

master-slave（主从关系），98-100

peer-to-peer（点对点关系），100-102

results of analysis , utilizing（Big Data analytics lifecycle）（分析结果的利用（大数据分析的生命周期）），69-70

case study（案例学习），76

roll-up in data visualization tools（数据可视化工具中的上卷），86

S

schemas in RDBMSs（关系数据库管理系统中的模式），152

SCV（speed consistency volume）principle（"速度、一致性、容量"原则），137-142

security concerns , addressing（安全考虑的处理），50-51

semantic analysis techniques（语义分析技术）

natural language processing（自然语言处理），

195
    sentiment analysis（情感分析技术），197
    text analytics（文本分析），196-197
  semi-structured data（半结构化数据）
    case study（案例学习），27
    defined（定义），19-20
  sentiment analysis（情感分析），197
  sharding（分片技术），95-96
    combining with replication（与复制技术结合），103
      master-slave replication（主从式复制），104
      peer-to-peer replication（对等式复制），105
    in RDBMSs（在关系数据库管理系统中的分片技术），105-151
  shuffle and sort stage（MapReduce）（"映射 – 归约"模型中的洗牌和排序），130-131
  signal-to-noise ratio , defined（信噪比的定义），16
  signals , defined（信号的定义），16
  social media , as business motivation for Big Data（大数据的商业动机——社会媒体），39
  soft state in BASE database design（BASE 数据库设计中的软状态），114-115
  spatial data mapping（空间数据映射），202-204
  speed in SCV principle（SCV 原则中的速度），137
  split testing（分割测试），185-186
  statistical analysis（统计分析），184
    A/B testing A/B（测试），185-186
    computational analysis versus（计算分析与统计分析），182-183
    correlation（相关性分析），186-188
    regression（回归性分析），188-190
  storage devices（存储设备），146
    case study（案例学习），179
    in-memory storage（内存存储），163-166
      IMDBs，175-178
      IMDGs，166-175
    on-disk storage（磁盘存储），147
      databases（数据库），149-163
      distributed file systems（分布式文件系统），147-148
  storage technologies（存储技术）
    ACID database design（ACID 数据库设计），

108-112
    BASE database design（BASE 数据库设计），113-116
    CAP theorem（CAP 原理），106-108
    case study（案例学习），117-118
    clusters（聚簇），93
    distributed file systems（分布式文件系统），93-94
    file systems（文件系统），93
    NoSQL database（NoSQL 数据库），94
    replication（复制技术），97
      combining with sharding（与分片技术的结合），103-105
      master-slave replication（主从式复制），98-100
      peer-to-peer replication（对等式复制），100-102
    sharding（分片技术），95-96
      combining with sharding（与分片技术的结合），103-105
  strategic level of business（策略层），33-35,78
  stream processing，参照 realtime mode
  structured data（结构化数据）
    case study（案例学习），27
    defined（定义），18
  supervised machine learning（有监督的机器学习），190-191

T

tactical level of business（战略层），33-35,78
task parallelism（任务并行），134
text analytics（文本分析），196-197
time series plots（时间序列图），200-201
case study（案例学习），205
traditional BI（Business Intelligence）（传统商务智能），82
  ad-hoc reporting（即席报表），82
  dashboards（仪表板），82-83
transactional processing（事务型处理），123-124
transformation , innovation versus（创新与转型），48

U-V

unstructured data（非结构化数据）

case study（案例学习），27

defined（定义），19

unsupervised machine learning（无监督的机器学习），191-192

Utilization of Analysis Results stage（Big Data analytics lifecycle）（分析结果的利用（大数据分析的生命周期）），69-70

case study（案例学习），76

validation of data（Big Data analytics lifecycle）（数据验证（大数据分析的生命周期））62-64

case study（案例学习），75

value（价值）

case study（案例学习），27

defined（定义），16-17

variety（多样性）

case study（案例学习），26

defined（定义），15

in NoSQL database NoSQL（数据库中的多样性），154

velocity（速率）

case study（案例学习），26

defined（定义），14-15

in-memory storage（内存存储中的速率），165

in NoSQL database NoSQL（数据库中的速率），154

realtime mode（实时模式中的速率），137

veracity（真实性）

case study（案例学习），26

defined（定义），16

vertical scaling（纵向扩展），149

virtuous cycles in business architecture（商务架构中的良性循环），35

visual analysis techniques（可视分析技术），198

heat map（热点图），198-200

networks graphs（网络图），201-202

spatial data mapping（空间数据映射），202-204

time series plots（时间序列图），200-201

visualization of data（Big Data analytics lifecycle）（数据可视化（大数据分析的生命周期）），68

in Big Data BI（在大数据商务智能中的数据可视化），84-86

case study（案例学习），76

volume（容量）

case study（案例学习），26

defined（定义），14

in NoSQL database（NoSQL 数据库中的容量），154

in SCV principle（SCV 原则中的容量），138

W-X-Y-Z

what-if analysis in data visualization tools（数据可视化工具中的假设分析），86

wisdom in DKIW pyramid（DKIW 金字塔中的智慧），32

Working Knowledge（Davenport and Prusak）（《工作的智慧》，Davenport 与 Prusak 著），31

workloads（data processing）（数据处理的工作量），122

batch processing（批处理），123-125

with MapReduce（"映射 – 归约"模型中的批处理），125-137

case study（案例学习），143

transactional processing（事务处理），123-124

write-behind approach（IMDGs）（数据内存网格中的异步写），172-173

write-through approach（IMDGs）（数据内存网格中的同步写），170-171

推荐阅读

数据挖掘与商务分析：R语言

作者：约翰尼斯·莱道尔特 ISBN：978-7-111-54940-6 定价：69.00元

统计学习导论——基于R应用

作者：加雷斯·詹姆斯 等 ISBN：978-7-111-49771-4 定价：79.00元

数据科学：理论、方法与R语言实践

作者：尼娜·朱梅尔 等 ISBN：978-7-111-52926-2 定价：69.00元

商务智能：数据分析的管理视角（原书第3版）

作者：拉姆什·沙尔达 等 ISBN：978-7-111-49439-3 定价：69.00元